Ali Mekadmini

Optimisation de dispositifs hyperfréquences reconfigurables

Ali Mekadmini

Optimisation de dispositifs hyperfréquences reconfigurables

Utilisation de couches minces ferroélectriques KTN et de diodes varactor

Presses Académiques Francophones

Impressum / Mentions légales

Bibliografische Information der Deutschen Nationalbibliothek: Die Deutsche Nationalbibliothek verzeichnet diese Publikation in der Deutschen Nationalbibliografie; detaillierte bibliografische Daten sind im Internet über http://dnb.d-nb.de abrufbar.
Alle in diesem Buch genannten Marken und Produktnamen unterliegen warenzeichen-, marken- oder patentrechtlichem Schutz bzw. sind Warenzeichen oder eingetragene Warenzeichen der jeweiligen Inhaber. Die Wiedergabe von Marken, Produktnamen, Gebrauchsnamen, Handelsnamen, Warenbezeichnungen u.s.w. in diesem Werk berechtigt auch ohne besondere Kennzeichnung nicht zu der Annahme, dass solche Namen im Sinne der Warenzeichen- und Markenschutzgesetzgebung als frei zu betrachten wären und daher von jedermann benutzt werden dürften.

Information bibliographique publiée par la Deutsche Nationalbibliothek: La Deutsche Nationalbibliothek inscrit cette publication à la Deutsche Nationalbibliografie; des données bibliographiques détaillées sont disponibles sur internet à l'adresse http://dnb.d-nb.de.
Toutes marques et noms de produits mentionnés dans ce livre demeurent sous la protection des marques, des marques déposées et des brevets, et sont des marques ou des marques déposées de leurs détenteurs respectifs. L'utilisation des marques, noms de produits, noms communs, noms commerciaux, descriptions de produits, etc, même sans qu'ils soient mentionnés de façon particulière dans ce livre ne signifie en aucune façon que ces noms peuvent être utilisés sans restriction à l'égard de la législation pour la protection des marques et des marques déposées et pourraient donc être utilisés par quiconque.

Coverbild / Photo de couverture: www.ingimage.com

Verlag / Editeur:
Presses Académiques Francophones
ist ein Imprint der / est une marque déposée de
OmniScriptum GmbH & Co. KG
Heinrich-Böcking-Str. 6-8, 66121 Saarbrücken, Deutschland / Allemagne
Email: info@presses-academiques.com

Herstellung: siehe letzte Seite /
Impression: voir la dernière page
ISBN: 978-3-8381-4543-3

Zugl. / Agréé par: Brest, Université de Bretagne Occidentale, 2013

Copyright / Droit d'auteur © 2014 OmniScriptum GmbH & Co. KG
Alle Rechte vorbehalten. / Tous droits réservés. Saarbrücken 2014

A ma famille

A mes amis

Remerciements

Tout d'abord, je voudrais adresser mes plus chaleureux remerciements, ainsi que toute ma gratitude, à mon directeur de thèse, M. Gérard TANNE, Professeur au Laboratoire en Sciences et Technologies de l'Information, de la Communication et de la Connaissance (Lab-STICC) et mes deux encadrants, Paul LAURENT et Noham MARTIN, Maîtres de Conférences, pour m'avoir accueilli au sein du Lab-STICC et accompagné au cours de la thèse. Merci pour leurs précieux conseils, leur aide constante et leurs encouragements.

J'adresse mes sincères remerciements à Mme. Maryline GUILLOUX-VIRY, professeur à l'Unité Sciences Chimiques (USC) de l'Université de Rennes 1, pour avoir assuré la présidence du jury.

J'exprime ma profonde gratitude à Mme Valérie MADRANGEAS, Professeur au Laboratoire XLIM de l'Université Limoges, ainsi qu'à M. Philippe FERRARI, Professeur au Laboratoire IMEP-LAHC de l'Université de Joseph Fourier, qui ont accepté de juger ce travail en tant que rapporteurs.

Je remercie M. Guy GARRY, Ingénieur à Thalès TRT, M. Xavier CASTEL, Maître de Conférences à l'IETR, IUT St-Brieuc pour avoir bien voulu participer à ce jury de thèse.

Un grand merci à tous les techniciens du Lab-STICC, Pascal COANT, Gregory MIGNOT et Guy CHUITON, pour leur gentillesse, leur bonne humeur et leurs conseils efficaces.

Je tiens à remercier vivement l'ensemble des collègues du Lab-STICC et des collaborateurs bretons (IETR de St-Brieuc et USC de Université de Rennes 1), pour les fructueux échanges scientifiques et leur amitié.

Merci enfin à ma famille, Mohamed, Atiga, Awatef, Moncef et Soufiene qui m'ont toujours soutenu lors de cette thèse pour que je mène à bien ce travail.

TABLE DES MATIERES

Introduction Générale 1

Chapitre I. : Contexte et état de l'art 9

Introduction 9

I.1. Intérêt des dispositifs reconfigurables et exemples d'applications : 10
    I.1.1. Systèmes de télécommunication 10
    I.1.2. Domaine militaire 12
    I.1.3. Réseaux de Capteurs 13
    I.1.4. Domaine médical 13

I.2. Critères de choix technologiques pour les fonctions agiles : 15
    I.2.1. Technologie à base de semi-conducteur 15
    I.2.2. Utilisation de matériaux agiles 18
    I.2.3. Récapitulatif des performances 20

I.3. Méthodologie utilisée pour rendre un dispositif reconfigurable et méthodes de simulation (exemple de filtres accordables): 21
    I.3.1. Modification de longueurs électriques des éléments de base 22
    I.3.2. Modification de couplage 22
    I.3.3. Méthode hybride de simulation 23

Conclusion 25

Bibliographie du chapitre I 26

Chapitre II. : Propriétés des matériaux ferroélectriques et résultats antérieurs 33

Introduction 33

II.1. Matériaux ferroélectriques : généralités 34
    II.1.1. Définition et rappel historique 34
    II.1.2. Classification cristallographique et structure pérovskite 34
    II.1.3. Propriétés diélectriques et intérêts pour l'agilité en hyperfréquence 36
    II.1.4. Dispositifs agiles à base de matériaux ferroélectriques 40

II.2. BST et KTN 48
    II.2.1. Matériaux ferroélectriques $Ba_xSr_{1-x}TiO_3$ 48
    II.2.2. Matériaux ferroélectriques $KTa_{1-x}Nb_xO_3$ 49
    II.2.3. Dépôt de couches minces ferroélectriques 50

II.3. Résultats antérieurs obtenus au laboratoire 51
    II.3.1. Choix du substrat 51
    II.3.2. Amélioration de performances de matériaux KTN 53

Conclusion 59

Bibliographie du chapitre II 60

Chapitre III. : Mesures en température et comparaison KTN/BST 65
  Introduction 65
  III.1. Mesures en température de matériaux $KTa_{1-x}Nb_xO_3$ 66
    III.1.1. Banc de mesures et dispositif à mesurer 66
    III.1.2. Vérification de la reproductibilité 67
    III.1.3. Echantillons avec des proportions de niobium (Nb) différentes 68
    III.1.4. Echantillons avec et sans dopage 72
    III.1.5. Echantillons avec et sans couche tampon 73
    III.1.6. Bilan de l'étude 75
  III.2. Comparaison des performances de dispositifs à base de KTN et BST déposés en couches minces 76
    III.2.1. Choix des compositions 76
    III.2.2. Conditions d'élaboration 76
    III.2.3. Principe de mesure 77
    III.2.4. Mesure de capacités interdigitées accordables 77
    III.2.5. Mesure de stubs accordables 79
    III.2.6. Mesure de déphaseurs accordables 81
    III.2.7. Comparaison de paramètres diélectriques des couches minces KTN et BST 82
  Conclusion 83
  Bibliographie du chapitre III 84

Chapitre IV. : Filtres planaires agiles à base de capacités ferroélectriques et de diodes varactor 87
  Introduction 87
  IV.1. Filtre « Open Loop » deux pôles agiles 88
    IV.1.1. Méthodologie d'analyse et de conception 88
    IV.1.2. Filtre « Open loop » agile à base de capacités ferroélectriques 91
    IV.1.3. Filtre « Open loop » agile à base de diodes varactor 92
    IV.1.4. Bilan des Filtres « Open loop » agiles 97
  IV.2. Filtre compact SIR agile en fréquence centrale et en bande passante 97
    IV.2.1. Contexte : Structure du filtre et potentiel d'accordabilité 97
    IV.2.2. Contrôle indépendant des zéros de transmission BF et HF 102
    IV.2.3. Contrôle simultané des zéros de transmission BF et HF 105
  Conclusion 109
  Bibliographie du chapitre IV 110

Conclusion générale et perspectives 113

Annexes 119
  Annexe 1 : Ablation laser pulsé 121
  Annexe 2 : Masque générique de test des couches ferroélectriques mises en œuvre 122
  Annexe 3 : Filtre « open loop » - couplage magnétique 123

Liste des travaux 131

INTRODUCTION GENERALE

Introduction générale

Les télécommunications hyperfréquences sont issues essentiellement de besoins militaires. Depuis leur découverte par J. C. Maxwell et leur mise en pratique par H. R. Hertz et G. Marconi entre autres, ce n'est qu'au milieu du 20ème siècle que les microondes ont connu un succès florissant avec leurs premières applications dans le domaine militaire et en particulier les radars, qui ont été un facteur de développement important pendant la seconde guerre mondiale. À l'heure actuelle, ce domaine est grandement développé et diversifié et ses applications font maintenant partie de notre quotidien : téléphonie mobile, internet, télévision numérique par satellite, etc. Cette croissance rapide du marché des télécommunications a conduit à une augmentation significative du nombre de bandes de fréquences allouées et à un besoin toujours plus grand en terminaux offrant un accès à un maximum de standards tout en proposant un maximum de services. Pour satisfaire à tous ces critères, la première solution est de multiplier les fonctions tels que les filtres, les déphaseurs... dans le front-end RF, ce qui rend inévitablement les systèmes encombrants. La miniaturisation de ces appareils combinée à la mise en place de fonctions supplémentaires devient un vrai challenge pour les industriels. Une solution proposée consiste à utiliser des fonctions hyperfréquences accordables (filtres, commutateurs, amplificateurs,...). Pour développer ces fonctions accordables, il est nécessaire de disposer de composants variables. Plusieurs technologies existent tels que les diodes PIN, les diodes varactor, les transistors, les MEMS, ou encore les matériaux agiles (ferromagnétiques, cristaux liquides, ferroélectriques...). De manière générale, ces éléments sont aujourd'hui bien maitrisés mais aucun n'est apparu comme la solution idéale. En effet, chaque technologie possède ses propres limitations, notamment au niveau des pertes, du coût, de l'intégration de la commande, de la tension de commande et du temps de réponse.

Dans ce manuscrit, nous nous intéressons aux matériaux ferroélectriques et aux diodes varactor qui ont montré des performances intéressantes pour la réalisation de fonctions agiles en fréquence. Les matériaux ferroélectriques possèdent des propriétés diélectriques qui varient en fonction du champ électrique appliqué et qui dépendent également de la température. En effet, ils possèdent une température de changement de phase dite température de Curie qui dépend des compositions de matériau. Ils présentent de nombreux avantages qui sont entre autres : taux d'agilité importants, faibles temps de réponse, commandes électriques facilement intégrables....Cependant, les principaux défauts de ces matériaux sont : leur forte tangente de pertes et leur stabilité en température. Le développement des nouvelles techniques de dépôt en couche mince a donné un regain d'intérêt pour ces matériaux. Les deux principaux matériaux ferroélectriques utilisés pour réaliser les dispositifs hyperfréquence agiles sont $Ba_xSr_{1-x}TiO_3$ (BST) et $KTa_{1-x}Nb_xO_3$ (KTN). Le premier constitue le matériau le plus étudié dans la littérature. Dans le but de proposer une alternative à ce matériau, depuis quelques années, nous

Introduction générale

avons décidé d'étudier le matériau KTN. Une part importante des travaux a été établie autour de la diminution des pertes diélectriques des couches de KTN, tout en gardant un niveau d'agilité suffisant. Des pistes ont ainsi été étudiées telles que : le changement de compositions, l'introduction de couches tampon, le dopage de couche mince, et l'utilisation d'autres méthodes de dépôts. Ce travail a bénéficié d'une étroite collaboration menée avec l'équipe du Professeur Maryline Guilloux-Viry au travers notamment d'un Programme de Recherche d'Intérêt Régional (PRIR) soutenu par la région Bretagne et s'intitulant « Dispositifs hyperfréquences accordables faibles pertes pour les applications en télécommunication » (acronyme DISCOTEC). Cette collaboration a été établie entre l'équipe Chimie du Solide et Matériaux (CSM) de l'Unité Sciences Chimiques (USC – UMR CNRS 6226) de l'Université de Rennes 1, une équipe du pôle Micro-Ondes, Optoélectronique et Matériaux (MOM) du Laboratoire des Sciences et Techniques de l'Information, de la Communication et de la Connaissance (Lab-STICC – UMR CNRS 6285) de l'Université de Brest ainsi que l'équipe Antennes et Hyperfréquences de l'Institut d'Electronique et de Télécommunications (IETR) de l'Université de Rennes 1.

Les travaux de ce mémoire s'inscrivent dans la continuité des recherches sur les matériaux KTN. Le premier objectif de cette thèse est d'étudier le comportement en température de ses différentes compositions et l'influence de différentes pistes étudiées dans nos travaux antérieurs sur la température de Curie. Le but est de localiser cette température spécifique, qui constitue l'un des principaux indicateurs sur le changement de phase des matériaux, pour chaque composition et de comparer les performances de nos couches minces à base de KTN à celles de la solution la plus utilisée en BST en utilisant des dispositifs élémentaires réalisés dans des conditions identiques afin de situer les performances de chaque famille.

Le deuxième axe de recherche s'intéresse à apporter des perspectives d'applications au matériau KTN en réalisant des dispositifs agiles en fréquence tels que les filtres planaires.

Ce manuscrit est composé de quatre chapitres. Les différents besoins de dispositifs hyperfréquences accordables et quelques applications actuelles sont présentés dans le premier chapitre. La deuxième partie de ce chapitre est consacrée à l'étude et à la comparaison de différentes solutions technologiques utilisées pour réaliser l'accord des fonctions microondes. Nous rappelons, dans cette dernière partie, les différentes méthodologies permettant de rendre un dispositif agile. Nous détaillions également la méthode de simulation utilisée qui permet de concevoir et d'optimiser les dispositifs accordables avec un temps très court.

Dans le deuxième chapitre, nous nous focalisons plus particulièrement sur les matériaux ferroélectriques en présentant dans un premier temps quelques généralités sur ces matériaux ainsi que leurs intérêts pour l'agilité en hyperfréquences. Ensuite, les deux principaux matériaux ferroélectriques (KTN et BST) abordés dans ce travail et les techniques de dépôt de couches minces sont détaillés.

Introduction générale

Enfin, nous présentons les principaux travaux antérieurs effectués sur le matériau KTN au sein du laboratoire qui constituent le point de départ de nos travaux.

Dans le troisième chapitre, nous poursuivons l'étude de ce matériau en nous concentrant dans une première partie sur son comportement en température. Des mesures en température pour les échantillons avec des proportions de niobium (Nb) différentes ont été effectuées afin de tenter de positionner la température de Curie et l'état de nos couches minces KTN à la température ambiante ainsi que d'étudier l'influence de différentes pistes utilisées (dopage, couche tampon) au niveau de la température de Curie. Dans la deuxième partie, une étude comparative des performances de deux principaux matériaux KTN et BST, en utilisant des dispositifs hyperfréquences réalisés dans des conditions de synthèse et de dépôt identiques, a été élaborée et discutée.

Dans le quatrième chapitre, nous réalisons et investiguons deux types de filtres passe bande reconfigurables. Le premier filtre est de type « open loop ». Ce filtre a été simulé avec l'utilisation de capacités ferroélectriques à base de couche minces KTN. La réalisation de ce filtre est rendue délicate en raison de contraintes de fabrication qui sont également présentées. Afin de minimiser ces complications liées à la fabrication et d'améliorer les pertes d'insertion, l'agilité est assurée par des diodes varactor. Ces dernières de même que les capacités ferroélectriques utilisées sont également caractérisées dans cette partie.

Le deuxième filtre que nous proposons a la capacité d'accorder sa fréquence centrale ainsi que sa bande passante à partir de diodes varactor. Il s'agit d'un filtre passe bande compact de type SIR (Stepped-Impedance Resonator) associé à des résonateurs en T. Le filtre de base a été étudié, simulé et réalisé pour en vérifier le bon fonctionnement. Une version du filtre avec ajout de tronçons de lignes a ensuite été simulée et réalisée afin d'éprouver les agilités. Enfin, l'étude et la réalisation du filtre final, accordable à la fois en fréquence centrale et en bande passante avec l'insertion des diodes varactor, ont également été menées à bien.

La conclusion de ce manuscrit donne l'occasion d'effectuer un rappel des principaux résultats de ce travail, ainsi que de proposer des perspectives.

Page intentionnellement laissée vide.

Contexte et etat de l'art

Chapitre I. : Contexte et état de l'art

Introduction

L'émergence des systèmes de communication et d'information tels que la téléphonie mobile, l'Internet, le WiFi, le Bluetooth… a engendré un besoin grandissant de circuits multibandes et multinormes. Afin d'éviter l'augmentation du nombre de fonctions dans le système et, par conséquent, son encombrement, l'utilisation de fonctions reconfigurables est une alternative nécessaire à la conception des systèmes actuels. Ces fonctions sont amenées à équiper des objets de toutes sortes pour une diversité d'applications civiles ou militaires. On peut également utiliser ces fonctions accordables pour la compensation des dispersions technologiques, l'amélioration de l'instrumentation et l'augmentation de l'intégration de fonctions. En effet, lorsque les contraintes du cahier de charge sont fortes, un minimum d'accord en fréquence permet de corriger les écarts entre le dispositif initial et celui réalisé et donc d'avoir une meilleure précision.

Dans ce premier chapitre, nous effectuerons un bref état de l'art des différents besoins de dispositifs hyperfréquences accordables en détaillant quelques applications actuelles.

Nous nous intéresserons ensuite aux principales solutions technologiques pour obtenir un accord en fréquence. Les différentes techniques seront décrites, avant de proposer une étude comparative de leurs avantages et limitations.

Une troisième partie de ce chapitre sera consacrée à l'étude des différentes possibilités permettant de rendre un dispositif agile. La méthode de simulation utilisée dans ce travail sera également présentée dans cette partie.

Il ne faut pas oublier la radio logicielle qui est une solution aussi utilisée dans les front-ends. Elle définit les systèmes configurés principalement par voie logicielle, et non par voie matérielle comme c'est le cas dans une architecture radio classique. Bien évidemment la radio logicielle actuelle est très loin de réaliser des spécifications aussi extrêmes. En effet, les processeurs et échantillonneurs actuels ne sont pas assez rapides pour décoder et traiter directement et efficacement un signal RF de quelques GHz [1]. Ce travail n'étant pas notre spécialité, il ne sera pas abordé dans ce chapitre.

Chapitre I : Contexte et état de l'art

I.1. Intérêt des dispositifs reconfigurables et exemples d'applications :

I.1.1. Systèmes de télécommunication

Depuis plusieurs années, nous assistons à une croissance très rapide des systèmes de télécommunications grand public (téléphonie cellulaire, wifi, télévision par satellite, ...). Trouver de nouvelles solutions permettant d'augmenter les performances des appareils tout en diminuant leurs coûts est devenu un vrai challenge pour les fabricants soumis à une forte concurrence. Cette évolution est marquée par une miniaturisation constante des systèmes communicants sans fils pour présenter plus de débit, plus de compacité à faible coût et satisfaire un large public. Ces appareils mobiles peuvent, par exemple, regrouper plusieurs standards de communication sans fil tels que : GSM, Bluetooth, Wifi, GPS, ... Ces standards ont chacun leur propre chaîne d'émission-réception occupant une taille non négligeable et augmentant les coûts de production.

Une solution consiste à remplacer les différentes chaines classiques d'émission / réception par une seule chaine constituée de dispositifs reconfigurables (filtres, antennes, adaptateurs,...) (Figure I.1) permettant de basculer sur le standard choisi. Cette solution remplace plusieurs éléments de filtrage et d'amplification par des fonctions équivalentes uniques, dites agiles et assurant le même rôle, ce qui permet de réduire l'encombrement et le coût des appareils. Elle permet aussi d'apporter des fonctionnalités et des degrés de liberté supplémentaires aux systèmes de communication.

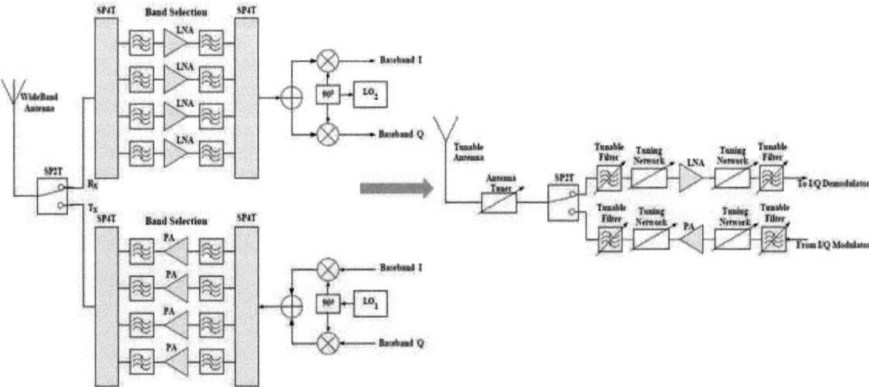

Figure. I.1   Exemple d'un schéma bloc de chaines d'émission / réception montrant la transition vers des solutions reconfigurables [2].

Un exemple de chaîne de réception homodyne utilisant des dispositifs agiles a été étudié et réalisé par Djoumessi (Figure I.2) [3]. Elle couvre à la fois deux bandes de fréquence différentes pour le GSM

Chapitre I : Contexte et état de l'art

et le WLAN. Cette chaîne remplace deux chaînes classiques en parallèle par une chaîne unique, et offre donc des avantages tels que faible coût et simplicité d'architecture [4] [5].

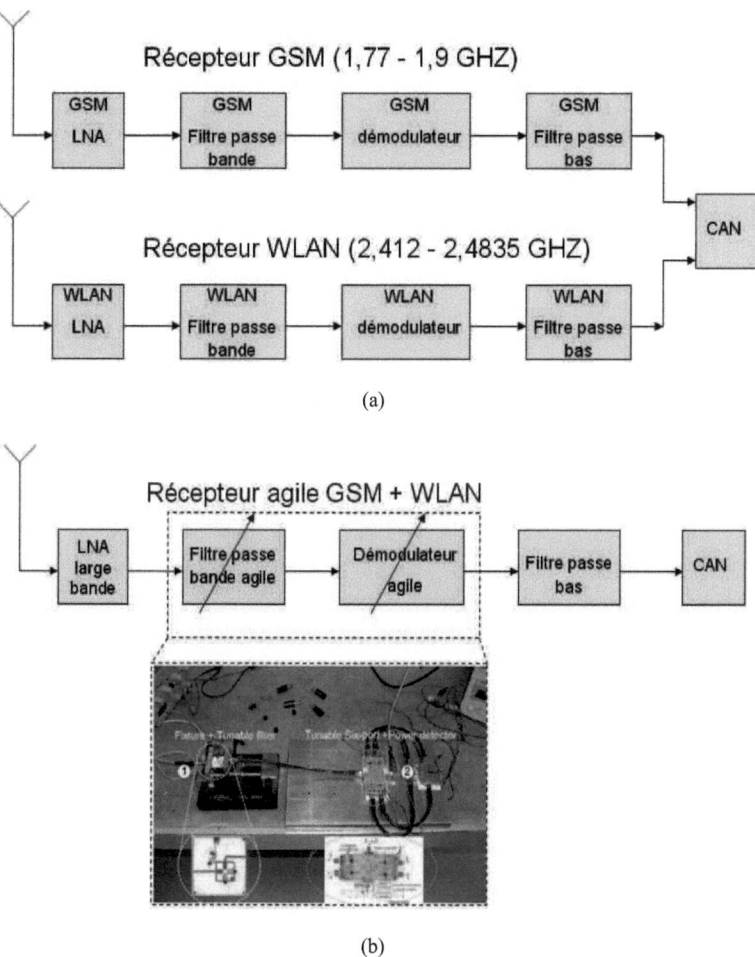

Figure. I.2   : Schéma de principe d'une chaîne de réception avec deux bandes : classique (a) et accordable en utilisant des dispositifs agiles en fréquence (avec photographie réelle) (b)

La miniaturisation des dispositifs de télécommunication, combinée à la mise en place de fonctions supplémentaires, nécessitent de prendre en compte les problèmes d'interférence pouvant exister entre différentes chaines émetteur/récepteur de communications sans-fil. Le spectre des fréquences de travail est largement occupé par ces différents systèmes, spécifiquement autour de la bande de fréquence 1,8 -2,4 GHz où téléphones, ordinateurs portables et tablettes peuvent être utilisés.

Les dispositifs reconfigurables ne sont pas cantonnés aux systèmes de télécommunications, ils sont également utilisés de plus en plus dans d'autres domaines (militaire, médical, ...) et permettent de couvrir un large spectre d'applications.

I.1.2. Domaine militaire

a) Antenne réseau à commande de phase

Les principaux utilisateurs de ce type d'antennes sont surtout les militaires qui doivent suivre des cibles en mouvement échappant aux antennes conventionnelles [6]. Le réseau à commande de phase (phased arrays) se compose d'un réseau d'éléments rayonnants précédés par des déphaseurs variables (Figure I.3). Les déphaseurs contrôlent la phase du courant d'excitation afin de diriger le faisceau de l'antenne vers la région souhaitée dans l'espace [7].

Figure. I.3   Exemple d'une antenne réseau à commande de phase [8]

On les retrouve également dans les stations de base cellulaires pour minimiser l'interférence entre les standards des systèmes de télécommunication radio. En effet, quand des antennes omnidirectionnelles sont utilisées en stations de base, la transmission / réception du signal de chaque utilisateur devient une source d'interférences pour les autres utilisateurs situés dans la même cellule. Il s'en suit des interférences dans tout le système. L'utilisation de cette antenne est une solution efficace pour la réduction de ce type d'interférences [9], [10].

b) Radar militaire

Le radar est un système qui utilise les ondes radio pour détecter la présence tout en déterminant la position et la vitesse d'objets tels que les avions, les bateaux... Leur principe de fonctionnement consiste à émettre un signal à une fréquence donnée sur une large bande. Ce signal sera ensuite

Chapitre I : Contexte et état de l'art

réfléchi par la cible avant de revenir sur l'antenne du radar. Au niveau de la chaîne de réception, le signal reçu est amplifié dans toute la bande de fréquences.

Ainsi tout brouilleur se trouvant dans la bande verra son brouillage amplifié et pourra saturer la chaîne de réception, même s'il ne se trouve pas nécessairement au voisinage de la fréquence émise.

Une solution consiste à utiliser des filtres pour découper la bande en sous bandes afin que la saturation de la sous-bande du brouilleur ne gêne pas la réception de la sous-bande du signal émis. Cette solution présente deux inconvénients majeurs : la nécessité d'un grand nombre de filtres à réaliser et les interférences entre filtres voisins. L'utilisation de filtres accordables permet de contourner ce problème en diminuant considérablement le nombre de filtres, et donc de supprimer les phénomènes d'interférences. Deux types de filtres accordables peuvent être utilisés : des filtres passe-bande utilisés pour suivre la fréquence du radar, afin de n'amplifier que celle-ci ou des filtres stop-bande utilisés pour suivre la fréquence du brouilleur et l'empêcher de saturer la chaîne de réception [11].

I.1.3. Réseaux de Capteurs

Un réseau de capteurs est un ensemble de petits dispositifs sans fils autonomes, capables d'effectuer des mesures dans leur environnement (température, mouvement) et de communiquer. Ils peuvent être utilisés pour des applications très variées (localisation, trafic, catastrophes et interventions d'urgence, autonomie des personnes âgées, suivi de marchandises, déploiement sur un champ de bataille). Les antennes font partie intégrante du bloc de communication. Les premiers systèmes possédaient des antennes basiques directives qui permettaient de réduire les puissances d'émissions. Pour être efficace et avoir la capacité de s'adapter à un environnement complexe, les capteurs doivent avoir une certaine capacité d'autonomie. L'utilisation des antennes à directivité variable telles que les antennes à balayage angulaire mécanique [12] ou aussi les antennes réseau à balayage électronique via une commande de phase [13] permet de s'adapter de façon dynamique à l'évolution de l'environnement du réseau afin de concentrer le signal vers la zone où il doit être réceptionné.

I.1.4. Domaine médical

L'idée de créer des systèmes électroniques qui peuvent être implantés ou placés dans le corps humain devient courante. Ces systèmes sont utilisés pour des applications de diagnostics ou de traitements médicaux. La principale difficulté rencontrée pour le développement de ces systèmes est la miniaturisation. Un exemple d'antennes miniatures reconfigurables en fréquence permet de concevoir des implants auditifs entièrement situés à l'intérieur de l'oreille [14]. Cet implant est constitué de plusieurs éléments : une antenne « fil plaque » de taille maximale de $5 \times 5 \times 2$ mm^3, un microphone, une batterie, un récepteur et un amplificateur. Il possède une liaison radio afin de communiquer vers

Chapitre I : Contexte et état de l'art

l'extérieur mais aussi entre eux (Figure I.4). C'est pour cette raison que la taille de l'antenne doit être réduite afin de permettre son intégration. En effet, le dispositif doit être suffisamment petit pour être placé à l'intérieur du canal auditif. Le dispositif ainsi conçu opère en bande ISM (Industrielle, Scientifique et Médicale) de 2,4 à 2,48 GHz.

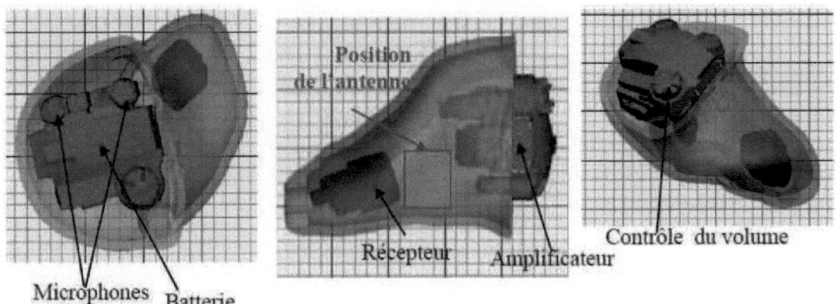

Figure. I.4   Différentes vues de l'implant auditif et position de l'antenne [14]

Comme le montre la Figure I.5, la miniaturisation de l'antenne « fil plaque » induit une réduction de sa bande passante. En effet, une bande passante à -10 dB d'une antenne de dimensions 5 x 5 x 2 mm^3 (9 MHz) est plus petite que celle de dimensions 9 x 9 x 4 mm^3 (21 MHz).

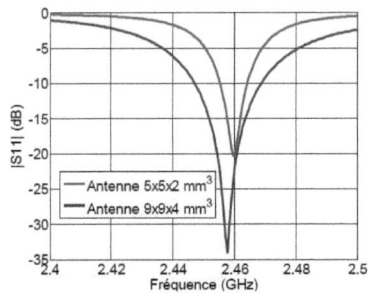

Figure. I.5   Comparaison du coefficient de réflexion pour deux tailles différentes de l'antenne (simulation)

Pour pallier le problème de l'étroitesse et couvrir toute la bande passante ISM 2,4-2,48 GHz, une solution consiste à utiliser une antenne 5 x 5 x 2 mm^3 agile en fréquence par l'ajout d'une diode varactor avec des bandes passantes instantanées d'environ 8 MHz [15]. 8 états de tension, correspondant chacun à une valeur particulière de la varactor, sont nécessaires pour couvrir l'ensemble des 8 canaux de communication de la bande passante globale (Figure I.6).

Chapitre I : Contexte et état de l'art

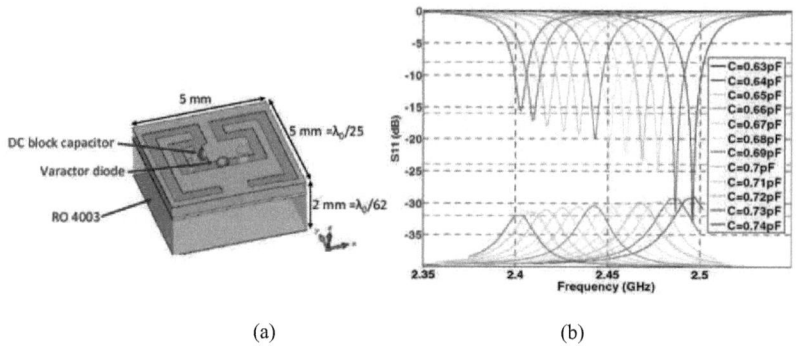

(a) (b)

Figure. I.6   Structure de l'antenne fil-plaque agile en fréquence (a) et coefficient de réflexion pour différentes valeurs de capacité (b)

Cette antenne permet de réduire la taille des implants et facilite son intégration dans l'oreille humaine. Les deux implants doivent être constamment synchronisés afin d'améliorer l'écoute binaurale.

I.2. Critères de choix technologiques pour les fonctions agiles :

Quelle que soit la méthode de conception employée pour développer des fonctions accordables, il est nécessaire de disposer de composants dont les réponses électriques sont variables ou ajustables. Ces composants sont nombreux, et nous pouvons les classer en deux grandes familles selon leur nature. On distingue ainsi, les éléments réalisés à base de semi-conducteur ou de matériaux agiles. Les choix technologiques sont liés principalement à l'application visée et à des raisons économiques.

I.2.1. Technologie à base de semi-conducteur

Les premiers dispositifs agiles en fréquence ont été réalisés à l'aide de ces composants dont les semi-conducteurs [16], [17]. Ces technologies peuvent être classées suivant leurs variations en trois catégories : éléments à variation discrète (Diode PIN), éléments à variation continue (Diode varactor) et éléments à variation continue et/ou discrète (MEMS et transistors FET)

a)   Eléments à variation discrète (diode PIN)

Une diode PIN joue le rôle d'un interrupteur commandé par une tension continue. Elle est composée de deux zones très dopées P et N et d'une zone intermédiaire intrinsèque non dopée. Lorsqu'elle est polarisée en inverse elle est non passante (état OFF), mais une polarisation dans le sens direct la rend passante (état ON). En polarisation direct, elle se comporte comme une résistance série

Chapitre I : Contexte et état de l'art

de faible valeur, ce qui assure le passage de l'onde hyperfréquence. En polarisation inverse, elle est équivalente à une capacitance fixe de la zone intrinsèque, en parallèle avec une forte résistance, qui représente la dissipation d'énergie. Cette résistance doit en effet être la plus élevée possible afin de limiter les fuites.

En ce qui concerne l'agilité en hyperfréquence, la fonction « interrupteur » est principalement employée. Ce type de diode est donc très utilisé pour réaliser des commutations discrètes en fréquence de dispositifs agiles tels que filtres [18], [19] et antennes [20], [21]. Les diodes PIN présentent une faible tension de polarisation (±3 à ±5 V), une tenue en puissance pouvant atteindre 10 W, un temps de commutation très faible (1-100 ns), une facilité d'implantation dans les dispositifs et un coût faible. Leurs principaux inconvénients sont leurs fortes pertes d'insertion, provenant de la résistance série à l'état passant « ON », une importante consommation de courant (3-20 mA) qui engendre une puissance consommée de 5 à 100 mW, et surtout leur non linéarité.

b)   Eléments à variation continue (diodes varactor)

Contrairement à la diode PIN, la diode varactor polarisée en inverse est équivalente à une capacité variable Cv disposant d'une variation continue, en série avec une résistance Rs, qui matérialise la dissipation de puissance (Figure I.7). Certains modèles de varactor incluent une capacité parasite en parallèle. Lorsque l'on change sa tension de polarisation, on change la valeur de cette capacité. Les tensions mises en jeu sont parfois importantes selon la plage de capacité voulue.

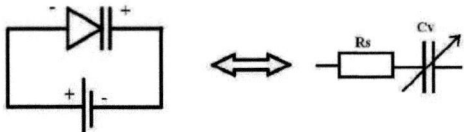

Figure. I.7   Schéma équivalent de la diode varactor polarisée en inverse

On trouve plusieurs types de diodes varactor dans le commerce. Les diodes varactor en technologie silicium ou AsGa sont les plus utilisées pour réaliser des dispositifs hyperfréquences accordables tels que les filtres [22] [23], [24], les déphaseurs [25], les antennes [26], [26], [27], les adaptateurs d'impédance [28]. Ce type de diode présente de bonnes performances : un temps de réponse faible (< 1 ns) et des valeurs de capacité relativement faibles (quelques pF). Par contre sa forte résistance série (quelques ohms) qui augmente fortement les pertes globales du dispositif, sa forte consommation en puissance (5 à 100 mW) et sa non linéarité limitent également son utilisation.

Chapitre I : Contexte et état de l'art

c) Eléments à variation continue et/ou discrète (transistors FET et MEMS)

Les principaux éléments localisés qui permettent de réaliser à la fois des variations continues et discrètes sont les transistors FET et les composants MEMS.

Le transistor FET (Field Effect Transistor) est un transistor unipolaire car il fait appel à un seul type de porteur de charge. Le principe de base repose sur le contrôle du courant qui traverse le canal entre la source et le drain par un champ électrique appliqué sur la grille. Les transistors FET les plus utilisés pour les applications hyperfréquences sont les transistors MOSFET (Metal Oxyde Semi-conductor Field Effect Transistor) ou les MESFET (MEtal Semi-conductor Field Effect Transistor) [29][30]. La mise en œuvre de l'agilité discrète est assurée par la fonction « interrupteur » qui bloque le passage de l'onde hyperfréquence en polarisation directe. L'agilité continue est assurée par le comportement de capacitance variable du transistor en polarisation inverse. Ces transistors présentent des bonnes performances notamment en termes de tensions de commande (3 à 5 V), de consommation de puissance (0,05 à 0,1 mW), et de temps de réponse (< 100 ns). Ils sont également utilisés pour la compensation des pertes à travers des résistances négatives [31]. Ces transistors souffrent de pertes d'insertions importantes engendrées par la forte résistance série de 4 à 6 Ω à l'état passant et bien entendu leur non linéarité.

Les MEMS (Micro-Electro Mechanical System) sont des micro systèmes mécaniques dont certaines parties peuvent être déplacées ou déformées sous l'effet d'une activation électrique par exemple. Ils sont utilisés dans de nombreux domaines tels que l'aéronautique [32], la médecine [33] [34], l'automobile [35]. Il existe principalement deux types de MEMS avec lesquels on peut réaliser un accord continu : les MEMS à membrane supérieure en forme de pont placés en parallèle à la ligne et ceux à membrane supérieure de type « cantilever » placés en série. Les MEMS réalisés peuvent être soit de type ohmique ou soit de type capacitif. Le mode ohmique permet un contact direct entre les deux électrodes pour réaliser des micro-interrupteurs (un accord discret). Pour rendre ces composants accordables, plusieurs types de commandes peuvent être utilisés : commandes électrostatiques [36], magnétostatiques [37], thermiques [38], mécaniques [39], optiques... En ce qui concerne l'agilité hyperfréquence, ils sont de plus en plus présents dans les filtres accordables [40], [41], [42], les déphaseurs [43], les adaptateurs d'impédance [44], [45]et les diviseurs de puissance [46], [47]. Les principaux avantages de cette technologie sont leur faible consommation de puissance (0,05-0,1 mW) et leurs très faibles pertes d'insertion. Cependant, comme tous les composants, les MEMS souffrent de quelques défauts dont une vitesse d'activation relativement lente (de l'ordre de 1 à 40 µs), des tensions d'activation élevées (de l'ordre de 20 à 100 V), et les procédés de fabrication qui sont assez complexes. En effet, ces composants ont besoin d'être encapsulés en environnement inerte. Ils sont très sensibles au milieu environnant et surtout à l'humidité.

Chapitre I : Contexte et état de l'art

I.2.2. Utilisation de matériaux agiles

a) Magnétiques : ferrimagnétiques et ferromagnétiques

Les matériaux ferri- et ferromagnétiques sont des matériaux avec une perméabilité modifiable en fonction du champ magnétique statique appliqué. Ils sont largement étudiés pour la réalisation des dispositifs microondes accordables tels que les déphaseurs [48] ou les filtres [49]. Les ferrites sont les plus utilisés pour ces applications. Leurs avantages majeurs résident dans leurs faibles pertes diélectriques et leur importante agilité. Cependant, le dispositif de commande, basé généralement sur l'utilisation de volumineuses bobines de Helmholtz, rend les structures très encombrantes et complique leur intégration dans des systèmes miniatures. Une autre solution de polarisation par des impulsions de courant a été utilisée et a montré des bonnes performances, mais elle n'est applicable que pour une géométrie spécifique (géométrie toroïdale) de matériaux ferrimagnétiques doux [50].

b) Ferroélectriques

Les matériaux ferroélectriques sont des matériaux dont la permittivité diélectrique varie sous l'effet d'une polarisation électrique. Cette variation de permittivité est le point fort recherché pour réaliser des dispositifs hyperfréquences agiles. Le développement récent des techniques de dépôt en couche mince de ce type de matériaux a permis leur utilisation en tant que capacité variable. Ces matériaux présentent plusieurs avantages tels qu'une forte agilité, un faible temps de réponse (< 1 ns) et la facilité d'intégrer la commande électrique. Cependant, leurs principaux défauts sont : leur forte tangente de pertes et leur forte dépendance à la température.

Dans la suite de ce manuscrit, suivant les compétences et l'expérience acquises au sein du laboratoire sur les matériaux ferroélectriques, nous allons nous concentrer sur cette technologie.

c) Multiferroïques

Un matériau multiferroïque est un matériau qui est simultanément ferroélectrique (possédant une polarisation spontanée) et ferromagnétique (possédant une aimantation spontanée). Les deux propriétés sont couplées, de sorte qu'il est possible de modifier l'aimantation par application d'un champ électrique ou bien la polarisation électrique par l'application d'un champ magnétique [51]. Ce type de matériau constitue un sujet d'une grande actualité [52] [53].

d) Cristaux liquides

Généralement utilisés pour leurs propriétés optiques, les cristaux liquides sont caractérisés par un état intermédiaire, ou mésophase, entre l'état liquide et l'état solide. Dans la gamme des micro-ondes, on s'intéresse à la phase nématique qui est caractérisée par une forte anisotropie diélectrique obtenue par l'application d'un champ statique électrique ou magnétique. Pour la réalisation de fonctions agiles, cette anisotropie diélectrique est essentielle. En effet, en utilisant un substrat constitué de cristal liquide, il va être possible de faire varier la permittivité relative effective du substrat en appliquant en plus du signal hyperfréquence, une tension de commande. La Figure I.8 montre la variation de l'orientation des molécules en fonction du champ électrique appliqué. Ce changement va entrainer la modification de la permittivité de cristaux liquides

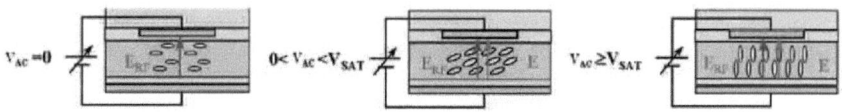

Figure. I.8   Changement de l'orientation des molécules des cristaux liquides en fonction de la tension de polarisation

Un certain nombre de travaux a été publié sur les dispositifs hyperfréquences accordables utilisant les cristaux liquides [54] [55] [56]. Les tensions de commande de ces matériaux sont relativement faibles, généralement inférieures à une quinzaine de volts. Cependant, leur temps de réponse important (typiquement supérieur à la milliseconde), leur complexité de mise en œuvre reste le point bloquant pour le développement de ce type de matériaux.

e)   **Microfluidiques**

Toujours dans les solutions en état liquide, la technologie microfluidique est également utilisée pour réaliser les dispositifs hyperfréquences agiles. L'idée est d'utiliser des micros canaux dans le substrat dans lesquels circulent des fluides. Ces fluides sont utilisés pour modifier les propriétés diélectriques (permittivité effective) du substrat, permettant ainsi de faire varier la fréquence de travail du dispositif. Pour réaliser ces micros canaux, les substrats les plus utilisés sont les substrats dits durs (silicium par exemple) ou les substrats mous (polymères PDMS, PMMA, SU-8). Pour les liquides diélectriques utilisés, il existe deux familles : les liquides diélectriques polaires et les liquides diélectriques non polaires. Les liquides non polaires sont souvent des hydrocarbures qui ont des constantes diélectriques inférieures ou égales à 5, tandis que les liquides polaires tels que l'eau et les alcools organiques ont des constantes diélectriques largement supérieures à 40. Or, pour réaliser un décalage en fréquence important, il faut un liquide de constante diélectrique élevée. En effet, plus le contraste de permittivité entre l'air (canal vide) et le liquide (canal rempli) est fort, plus la dynamique en fréquence sera significative. Plusieurs études ont été effectuées, c'est le cas notamment des filtres accordables [57]. Un exemple d'un stub demi-onde en court-circuit avec des canaux fluidiques est présenté dans Figure I.9 [58]. Leurs principaux inconvénients sont la complexité de la réalisation et les fortes pertes d'insertions dues à la forte tangente de pertes des liquides utilisés.

Chapitre I : Contexte et état de l'art

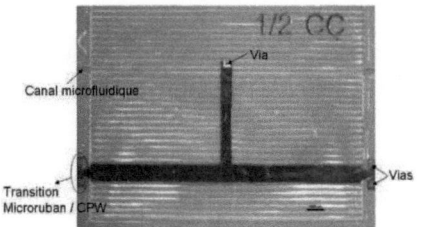

Figure. I.9   Stub demi-onde en court-circuit avec des canaux microfluidiques

f)   Les matériaux à contrôle optique

Les matériaux à contrôle optique sont également étudiés pour les applications microondes. Ce sont des matériaux photosensibles qui sont généralement des semi-conducteurs. L'agilité se fait par une modification des caractéristiques de propagation du signal sous l'effet photoconducteur ou photovoltaïque (conductivité du semi-conducteur). Il existe également un contrôle optique « indirect » où l'agilité utilise ce type de contrôle à travers un composant intermédiaire pour réaliser l'accord, une photodiode par exemple. L'utilisation de ce type de matériaux pour la réalisation de dispositifs hyperfréquences agiles présente des nombreux avantages : une bonne isolation entre le signal optique et le signal hyperfréquence, une grande tenue en puissance, un faible bruit et un faible temps de réponse (10 fs) [59]. Cependant, certains aspects freinent fortement l'intérêt des industriels pour cette technique. Notamment, le dispositif de commande, basé sur l'utilisation de fibres optiques, qui rend le système encombrant et la nécessité d'une puissance lumineuse constante et relativement forte pour qu'il y ait une modification significative de la conductivité du semi-conducteur [60].

I.2.3. Récapitulatif des performances

Dans cette partie, nous avons recensé quelques solutions technologiques constituant actuellement les techniques les plus courantes pour réaliser l'accord de fonctions microondes. Nous constatons que chacune de ces solutions, à savoir les éléments localisés ou les matériaux agiles, présente des avantages et des inconvénients qui peuvent être spécifiques ou communs. Un résumé est présenté dans le Tableau I.1 afin d'avoir une vision plus générale des performances de chaque solution.

Chapitre I : Contexte et état de l'art

	Agilité	Tension de Commande	Temps de réponse	Consommation en puissance	Pertes d'insertion	Intégration de la commande	Intégration dans les circuits	Linéarité	Coût
Diodes PIN [18] [19]	Moyenne	Très faible (5 V)	Elevé (µs)	Elevée (5-100 mW)	Moyennes	Facile	Facile	Non	Bas
Diodes varactor [22] [23] [24]	Bonne	Faible (<10 V)	Elevé (µs)	Elevée (5-100 mW)	Moyennes	Facile	Facile	Non	Bas
Transistors FET [29] [30]	Moyenne	Très faible (5 V)	Elevé (µs)	Faible (0,05-0,1 mW)	Moyennes	Facile	Facile	Non	Bas
MEMS [40] [41] [42]	Bonne	Elevée (20-100V)	Elevé (µs)	Faible (0,05-0,1 mW)	Faibles Q < 200	Facile	Difficile	Oui	Elevé
Cristaux liquides [54] [55] [56]	Moyenne	Faible (<15 V)	Très élevé (ms)	Faible -	Modérées	Modérée	Difficile	Non	Elevé
Ferromagnétiques [50]	Forte	Elevée (qq 100V)	Faible (ns)	-	Elevées	Complexe	Difficile	Non	Elevé
Microfluidiques [57] [58]	Moyenne	-	-	-	Elevées	Complexe	Difficile	Non	Elevé
Contrôle optique [59] [60]	Bonne	-	Faible (10 fs)	Elevée (qq W)	Elevées	Modérée	Difficile	Non	Elevé
Ferroélectriques [64]	Forte	Faible (MIM) à élevée (CID) (qq V à 200V)	Faible (ns)	Faible -	Elevées Q < 30	Modérée	Modérée	Non	Elevé

Tableau. I.1 : Comparaison des différentes possibilités d'accord pour les dispositifs agiles

On trouve également dans la littérature des dispositifs agiles utilisant une combinaison de deux techniques. Cette méthode est très intéressante pour améliorer les performances de ces dispositifs. Un exemple d'antenne agile associant diodes PIN (variation discrète) et diodes varactor (variation continue) est présenté dans [14] [61]. Elle permet d'avoir une bonne gestion d'agilité. Il en est de même pour les matériaux multiferroïques présentés précédemment. En effet, ces derniers sont issus de l'association de matériaux ferromagnétiques et ferroélectriques.

I.3. Méthodologie utilisée pour rendre un dispositif reconfigurable et méthodes de simulation (exemple de filtres accordables):

Dans le principe, la réalisation d'une fonction accordable est assez simple. Cela consiste à associer un dispositif classique existant à des composants variables comme cela a été détaillé dans la partie précédente. En pratique, la conception s'avère souvent plus complexe. En effet, chaque composant variable exige une commande de polarisation (électrique, magnétique, mécanique ou optique). Pour

Chapitre I : Contexte et état de l'art

des raisons pratiques, il est souvent difficile d'intégrer ces moyens de polarisation qui dégradent la réponse du dispositif surtout en termes de pertes globales. La localisation de l'agilité à des endroits précis du circuit a pour principal intérêt de limiter ces pertes et d'atteindre l'agilité voulue. De plus, certaines topologies ou fonctions sont plus ou moins adaptées à l'accordabilité envisagée. La conception des fonctions accordables doit donc faire l'objet d'études complètes et précises.

I.3.1. Modification de longueurs électriques des éléments de base

La variation de la longueur électrique d'une ligne de transmission se fait généralement en associant un ou des éléments variables à cette ligne. Cette méthode est la plus utilisée pour réaliser des dispositifs hyperfréquences accordables : filtres, déphaseurs, antennes, adaptateurs d'impédance.

La Figure I.10 montre l'exemple d'un résonateur accordable en fréquence réalisé par la mise en cascade d'une ligne de transmission et d'une capacité variable (varactor dans l'exemple). Ce dispositif peut être utilisé en technologie microruban pour réaliser un filtre passe bande accordable [62].

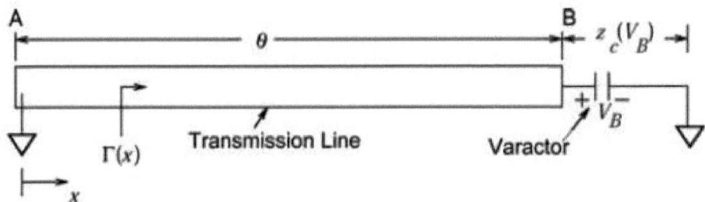

Figure. I.10   Résonateur ligne de transmission chargée par une capacité variable

Le principe est assez simple. Sans tension de polarisation (V_B), le varactor présente une impédance $z_C(V_B)$ qui s'ajoute en série à celle de la ligne de transmission. A la résonance, si on considère que la longueur électrique de la ligne chargée par la capacité est θ, cette dernière conduit à une fréquence de résonance qui détermine la fréquence centrale du filtre passe-bande correspondant. Une augmentation de la tension de polarisation entraine une réduction de la capacité de la varactor et par conséquent une réduction de son impédance. Il s'en suit une augmentation de la longueur électrique du résonateur (ajout d'une impédance imaginaire pure négative) et, par voie de conséquence, à une diminution de la fréquence centrale du filtre.

I.3.2. Modification de couplage

Une autre technique pour rendre un dispositif accordable consiste à faire varier la capacité équivalente des gaps entre résonateurs en plaçant des éléments localisés ou des matériaux agiles au niveau du couplage.

Chapitre I : Contexte et état de l'art

Dans l'exemple d'un filtre passe bande reconfigurable en fréquence centrale [63], la reconfigurabilité est obtenue avec la variation de la capacité équivalente des gaps en plaçant des diodes varactor au niveau des fentes (Figure I.11).

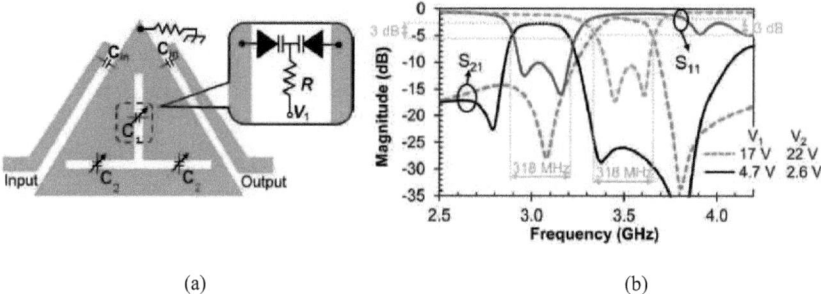

(a) (b)

Figure. I.11   Structure du filtre accordable avec variation de la capacité équivalente des gaps (a) Paramètres S_{11} et S_{21} mesurés (b)

Ce filtre présente une variation continue de la fréquence centrale de 3,05 GHz à 3,55 GHz. Ce qui correspond à un décalage en fréquence de 16 % avec une bande passante constante de 318 MHz.

Un exemple de modification de couplage en utilisant des matériaux agiles est présenté sur la Figure I.12. Elle présente un résonateur à stub quart d'onde agile en structure coplanaire. Une méthode basée sur la microgravure laser d'une couche mince ferroélectrique KTN a été utilisée pour la localiser dans la zone active de résonateur et ainsi faire varier la capacité équivalente des gaps [64].

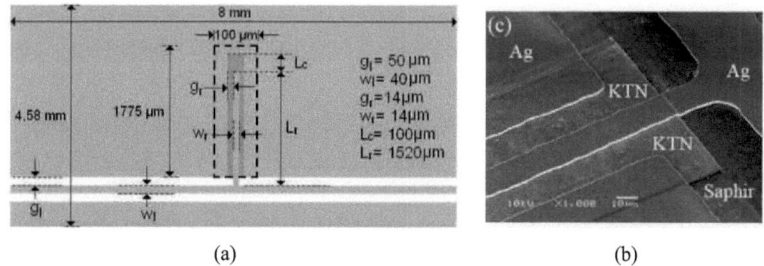

(a) (b)

Figure. I.12   Géométrie et dimensions du résonateur à stub avec la localisation du film de KTN après microgravure laser(a) et photographie observée par microscopie électronique à balayage (b).

I.3.3. Méthode hybride de simulation

L'idée de cette partie est de présenter la méthode qui nous permet de réduire considérablement le temps nécessaire à la simulation afin d'optimiser la position des éléments variables qui permettent d'obtenir un grand degré d'accordabilité et ainsi d'optimiser les performances globales des dispositifs.

Pour simuler un dispositif hyperfréquence accordable à base de matériaux agiles tels que les matériaux ferroélectriques, ferromagnétiques, les logiciels commerciaux les plus utilisés sont HFSS et COMSOL Multiphysics, basés sur la méthode des éléments finis.

Pour les dispositifs à base d'éléments localisés, une méthode hybride de simulation basée sur l'utilisation de logiciel Momentum et ADS Circuits a été proposée dans le cadre d'une thèse-[65].

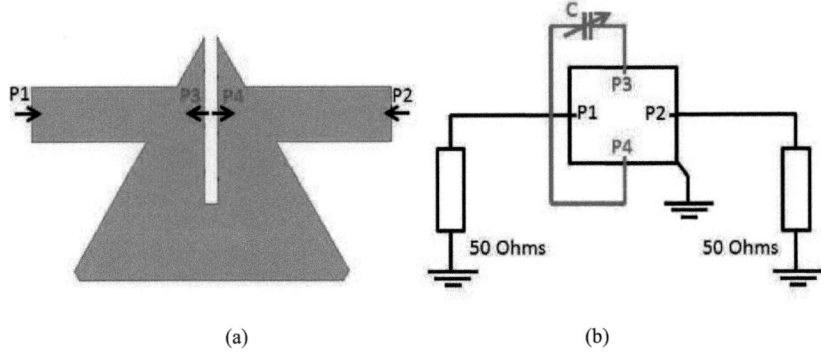

(a) (b)

Figure. I.13   Structure de résonateur triangulaire avec ses 2 accès localisés pour connecter la capacité variable (a), et circuit électrique utilisé pour faire la simulation hybride (b).

Le Figure I.13 illustre un exemple simple de simulation pour un résonateur triangulaire en technologie microruban. Le composant variable (capacité C) est connecté entre les deux armatures du résonateur via des accès localisés. La procédure de simulation se fait en deux étapes. Tout d'abord, on simule une première fois la structure avec Momentum en intégrant des accès localisés le long des deux faces du gap. Ensuite, on récupère la matrice [S] obtenue sous ADS Circuit (dans l'exemple, il s'agit de la boite à 4 accès numérotés de 1 à 4) et on connecte les différents éléments sur les différents ports. On relie les deux accès localisés par l'élément localisé variable. Avec cette méthode de simulation, l'optimisation de la position de ces éléments est beaucoup plus rapide et efficace. Elle nous permet aussi de choisir l'accordabilité convenable qui correspondant à un rapport C_{bas} / C_{haut} choisi, avant d'intégrer les composants variables et valider à la fin le dispositif avec une simulation électromagnétique.

Conclusion

Dans ce premier chapitre nous avons mis en évidence la nécessité de réaliser des dispositifs reconfigurables pour répondre aux exigences de différents domaines d'applications tels que les systèmes de télécommunication actuels, le militaire, les applications médicales, ...

Les principales solutions technologiques utilisées pour réaliser l'accord ont été présentées. Chacune d'entre elles présente des avantages et inconvénients spécifiques. Cependant, il n'y a pas typiquement de solutions meilleures que d'autres. Le critère de choix de la technique est principalement basé par l'application visée. Nous avons présenté un bref état de l'art sur les manières générales et la méthode hybride de simulation pour rendre un dispositif accordable. Cette démarche sera utilisée pour la réalisation des filtres passe bande accordables présentés dans le quatrième chapitre.

En raison des compétences et de l'expérience acquise au sein du laboratoire, nous nous sommes dans un premier temps intéressés à la solution à base de matériaux ferroélectriques qui ont l'avantage d'avoir une faible consommation et un temps de réponse très court.

Le chapitre suivant sera consacré entièrement à la présentation de matériaux ferroélectriques KTN et BST en rappelant des principaux résultats antérieurs obtenus, au sein du laboratoire ou sur le plan bibliographique.

Bibliographie du chapitre I

[1] L. Alaus, « Architecture Reconfigurable pour un Equipement Radio Multistandard », Thèse de l'université de Rennes 1, 2010

[2] A. S. Hussaini, R. Abd-Alhameed, and J. Rodriguez, « Tunable RF filters: Survey and beyond », 18th IEEE International Conference on Electronics, Circuits and Systems (ICECS), p. 512-515, 2011

[3] E. E. Djoumessi and K. Wu, « Reconfigurable RF front-end for frequency-agile direct conversion receivers and cognitive radio system applications », IEEE Radio and Wireless Symposium (RWS), p. 272-275, 2010

[4] C. Carta, R. Vogt, and W. Bachtold, « Multiband monolithic BiCMOS low-power low-IF WLAN receivers », IEEE Microw. Wirel. Components Lett., vol. 15, no 9, p. 543-545, 2005

[5] S.-F. R. Chang, W.-L. Chen, S.-C. Chang, C.-K. Tu, C.-L. Wei, C.-H. Chien, C.-H. Tsai, J. Chen, and A. Chen, « A dual-band RF transceiver for multistandard WLAN applications », IEEE Trans. Microw. Theory Tech., vol. 53, no 3, p. 1048-1055, 2005

[6] John Keller « Air Force eyes passive radar surveillance with initiative on wideband phased array antennas ». Military Aerospace, 2012

[7] W.-D. Wirth, « Radar Techniques Using Array Antennas », FEE Radar, Sonar, Navigation & Avionics Series, IET, 2001

[8] M. Koubeissi, « Etude d'antennes multifaisceaux à base d'une nouvelle topologie de matrice de Butler: conception du dispositif de commande associé », Thèse de l'Université de Limoges, 2007

[9] I. Y. Sergeev, « Cylindrical multiuser beam-free active phased array and comparison with the standard multisector antennas for mobile communication », General Assembly and Scientific Symposium, XXXth URSI, p. 1-4, 2011

[10] M. M. Bilgic, K. Yegin, T. Turkkan, and M. Sengiz, « Design of a low-profile Ku band phased array antenna for mobile platforms », General Assembly and Scientific Symposium, XXXth URSI, p. 1-4 , 2011

[11] Merrill Skolnik, « Radar Handbook », Mac Grall Hill, 2008

[12] D.-T. Phan and G.-S. Chung, « Design and Optimization of Reconfigurable Inset-Fed Microstrip Patch Antennas with High Gain for Wireless Sensor Networks », International Conference on Computing and Communication Technologies RIV 09, 2009, p. 1-4, 2009

[13] Y. Monnai and H. Shinoda, « Microwave phased array sheet for wireless sensor network », Seventh International Conference on Networked Sensing Systems (INSS), p. 123-129, 2010

[14] S. E. Kadri, « Contribution à l'étude d'antennes miniatures reconfigurables en fréquence par association d'éléments actifs », Thèse de l'université de Grenoble, 2011

[15] L. Huitema, S. Sufyar, C. Delaveaud, and R. D'Errico, « Miniature antenna effect on the ear-to-ear radio channel characteristics », 6th European Conference on Antennas and Propagation (EUCAP), p. 3402-3406 , 2012

[16] B. Virdee, « Novel electronically tunable DR band-stop filter », Microwave and Optoelectronics Conference. Proceedings., SBMO/IEEE MTT-S International, 1995, vol. 2, p. 569-574, 1995

[17] S. R. Chandler, I. C. Hunter, and J. G. Gardiner, « Active varactor tunable bandpass filter », IEEE Microw. Guid. Wave Lett., vol. 3, no 3, p. 70-71, 1993

[18] M. F. Karim, Y.-X. Guo, Z. N. Chen, and L. C. Ong, « Miniaturized reconfigurable and switchable filter from UWB to 2.4 GHz WLAN using PIN diodes », Microwave Symposium Digest, MTT '09. IEEE MTT-S International, p. 509-512, 2009

[19] C. H. Kim and K. Chang, « Ring Resonator Bandpass Filter With Switchable Bandwidth Using Stepped-Impedance Stubs », IEEE Trans. Microw. Theory Tech., vol. 58, no 12, p. 3936-3944, 2010

[20] D. E. Anagnostou and A. A. Gheethan, « A Coplanar Reconfigurable Folded Slot Antenna Without Bias Network for WLAN Applications », IEEE Antennas Wirel. Propag. Lett., vol. 8, p. 1057-1060, 2009

[21] J. Liang and H.-Y. D. Yang, « Microstrip Patch Antennas on Tunable Electromagnetic Band-Gap Substrates », IEEE Trans. Antennas Propag., vol. 57, no 6, p. 1612-1617, 2009

[22] X. Huang, Q. Feng, and Q. Xiang, « Bandpass Filter With Tunable Bandwidth Using Quadruple-Mode Stub-Loaded Resonator », IEEE Microw. Wirel. Components Lett., vol. 22, no 4, p. 176-178, 2012

[23] J. Long, C. Li, W. Cui, J. Huangfu, and L. Ran, « A Tunable Microstrip Bandpass Filter With Two Independently Adjustable Transmission Zeros », IEEE Microw. Wirel. Components Lett., vol. 21, no 2, p. 74-76, 2011

[24] L. Athukorala, D. Bondar, and D. Budimir, « Compact high linearity tunable dual-mode microstrip filters », European Microwave Conference (EuMC), p. 834-837, 2010

[25] F. Ellinger, R. Vogt, and W. Bachtold, « Ultra compact, low loss, varactor tuned phase shifter MMIC at C-band », IEEE Microw. Wirel. Components Lett., vol. 11, no 3, p. 104-105, 2001

[26] E. Nishiyama and T. Itoh, « Dual polarized widely tunable stacked microstrip antenna using varactor diodes », IEEE International Workshop on Antenna Technology, iWAT, p. 1-4, 2009

[27] M. C. Scardelletti, G. E. Ponchak, J. L. Jordan, N. Jastram, and J. V. Mahaffey, « Tunable reduced size planar folded slot antenna utilizing varactor diodes », IEEE Radio and Wireless Symposium (RWS), p. 547-550, 2010

[28] R. B. Whatley, Z. Zhou, and K. L. Melde, « Reconfigurable RF impedance tuner for match control in broadband wireless devices », IEEE Trans. Antennas Propag., vol. 54, no 2, p. 470-478, 2006

[29] J. Lin and T. Itoh, « Tunable active bandpass filters using three-terminal MESFET varactors », Microwave Symposium Digest, IEEE MTT-S International, vol.2, p. 921-924, 1992

[30] P. Park, C.-S. Kim, M. Y. Park, S. D. Kim, and H.-K. Yu, « Variable inductance multilayer inductor with MOSFET switch control », IEEE Electron Device Lett., vol. 25, no 3, p. 144-146, 2004

[31] T. Tong, L. Jinsheng, L. Zuhua, C. Tangsheng, and L. Jinting, « GaAs MMIC large tuning-range active bandpass filter using negative resistance circuit », Microwave Conference Proceedings, APMC, Asia-Pacific, vol.2, p. 553-555, 1997

[32] J. Chakrabarty, D. P. Burch, S. Kalyanaraman, and M. S. Braasch, « Multi-view synthetic vision display system for general aviation », IEEE Aerospace Conference, Proceedings, vol. 3, p. 1618-1627, 2004

[33] Y. A. Chee, A. A. Bakir, and D. H. B. Wicaksono, « Proprioceptive sensing system for therapy assessment using textile-based biomedical Micro Electro Mechanical System (MEMS) », IEEE Sensors, p. 1-4, 2012

[34] M. Esashi, « MEMS technology: optical application, medical application and SOC application », Symposium on VLSI Technology, Digest of Technical Papers, p. 6-9, 2002

[35] D. R. Sparks, « Application of MEMS technology in automotive sensors and actuators », Proceedings of the International Symposium on Micromechatronics and Human Science, MHS, p. 9-15, 1998

[36]   M. Sakata, Y. Komura, T. Seki, K. Kobayashi, K. Sano, and S. Horiike, « Micromachined relay which utilizes single crystal silicon electrostatic actuator », IEEE International Conference on Micro Electro Mechanical Systems MEMS, p. 21-24, 1999

[37]   D. Niarchos, « Magnetic MEMS: key issues and some applications », Sensors Actuators Phys., vol. 109, no 1-2, p. 166-173, 2003

[38]   L. Lin, « Thermal challenges in MEMS applications: phase change phenomena and thermal bonding processes », Microelectron. J., vol. 34, no 3, p. 179-185, 2003

[39]   N. A. A. Nisar, « MEMS-based micropumps in drug delivery and biomedical applications », Sensors Actuators B Chem. vol. 130, no 2, p. 917-942, 2008

[40]   B. W. Pillans, A. Malczewski, F. J. Morris, and R. A. Newstrom, « A family of MEMS tunable filters for advanced RF applications », Microwave Symposium Digest (MTT), IEEE MTT-S International, p. 1-4, 2011

[41]   G. Nicolini, C. Guines, D. Passerieux, P. Blondy, G. Neveu, M. P. Dussauby, W. Rebernak, and M. Giraudo, « Constant absolute bandwidth UHF tunable filter using RF MEMS », 7th European Microwave Integrated Circuits Conference (EuMIC), p. 687-690, 2012

[42]   N.-B. Zhang, Z.-L. Deng, and J.-M. Huang, « A novel tunable band-pass filter using MEMS technology », IEEE International Conference on Information and Automation (ICIA), p. 1510-1515, 2010

[43]   A. K. Aboul-Seoud, A. Hamed, and A. E. S. Hafez, « D5. Wideband tunable MEMS phase shifters for radar phased array antenna », 29th National Radio Science Conference (NRSC), p. 593-599, 2012

[44]   A. E. Festo, K. Folgero, K. Ullaland, and K. M. Gjertsen, « A six bit, 6 #x2013;18 GHz, RF-MEMS impedance tuner for 50 #x2126; systems », European Microwave Conference, EuMC, p. 1132-1135, 2009

[45]   R. Labedan, C. Talbot, J. Gagnon, and F. Gagnon, « MEMS based reconfigurable microwave 12 stub impedance tuner: A brute force approach », IEEE Radio and Wireless Symposium, RWS, p. 360-363, 2009

[46]   A. Ocera, R. V. Gatti, P. Mezzanotte, P. Farinelli, and R. Sorrentino, « A MEMS programmable power divider/combiner for reconfigurable antenna systems », European Microwave Conference, vol. 1, 2005

[47]   A. Ocera, P. Farinelli, F. Cherubini, P. Mezzanotte, R. Sorrentino, B. Margesin, and F. Giacomozzi, « A MEMS-Reconfigurable Power Divider on High Resistivity Silicon Substrate », Microwave Symposium,. IEEE/MTT-S International, p. 501-504, 2007

[48]   A. S. Tatarenko, G. Srinivasan, and M. I. Bichurin, « Electrically-tunable microwave phase shifter based on ferrite-piezoelectric layered structure », 18th International Crimean Conference, Microwave Telecommunication Technology, CriMiCo., p. 507-508, 2008

[49]   E. Salahun, G. Tanne, and P. Queffelec, « Enhancement of design parameters for tunable ferromagnetic composite-based microwave devices: application to filtering devices », Microwave Symposium Digest, IEEE MTT-S International, vol. 3, p. 1911-1914, 2004

[50]   W. E. Hord, « Microwave and millimeter-wave ferrite phase shifters. », Microw. J., 1989

[51]   D. I. Khomskii, « Multiferroics: Different ways to combine magnetism and ferroelectricity », J. Magn. Magn. Mater., vol. 306, no 1, p. 1-8, 2006

[52]   E. Castel, « Synthèse de nouveaux matériaux multiferroïques au sein de la famille des bronzes quadratiques de formule $Ba_2LnFeNb_4O_{15}$ », Thèse de l'université de Bordeaux I, 2009

[53]   O. Chaix-Pluchery, C. Cochard, P. Jadhav, J. Kreisel, N. Dix, F. Sanchez, and J. Fontcuberta, « Strain analysis of multiferroic $BiFeO_3$-$CoFe_2O_4$ nanostructures by Raman scattering », Appl. Phys. Lett., vol. 99, no 7, p. 072901-0729013, 2011

[54] J. F. Bernigaud, N. Martin, P. Laurent, C. Quendo, G. Tanne, B. Della, F. Huret, and P. Gelin, « Liquid Crystal Tunable Filter Based On DBR Topology », 36th European Microwave Conference, p. 368-371, 2006

[55] N. Martin, P. Laurent, C. Person, M. Le Roy, A. Perennec, P. Gelin, and F. Huret, « Influence of design liquid crystal-based devices on the agility capability », Microwave Symposium Digest, IEEE MTT-S International, p. 4 pp, 2005

[56] O. H. Karabey, S. Bildik, S. Strunck, A. Gaebler, and R. Jakoby, « Continuously polarisation reconfigurable antenna element by using liquid crystal based tunable coupled line », Electron. Lett., vol. 48, no 3, p. 141-143, 2012

[57] D. L. Diedhiou, S. Pinon, E. Rius, C. Quendo, J.-F. Favennec, B. Potelon, A. Boukabache, A.-M. Gue, N. Fabre, G. Prigent, V. Conedera, and J.-Y. Fourniols, « Etude de filtres millimétriques accordables en technologie microfluidique », 17èmes Journées Nationales Microondes, Brest, France, p. 3D-1, 2011

[58] S. Pinon, « Etude de la reconfigurabilite de circuits RF par des réseaux fluidiques. Conception et fabrication de microsystèmes, intégrés sur substrat souple », Thèse de l'université de Paul Sabatier - Toulouse III, 2012

[59] J. M. Gonzalez, « Novel optically reconfigurable components for microwave applications », Thèse de l'Université de Limoges, 2012

[60] J.-D. Arnould, A. Vilcot, and G. Meunier, « Toward a simulation of an optically controlled microwave microstrip line at 10 GHz », IEEE Trans. Magn., vol. 38, no 2, p. 681-684, 2002

[61] J.-H. Lim, G.-T. Back, Y.-I. Ko, C.-W. Song, and T.-Y. Yun, « A Reconfigurable PIFA Using a Switchable PIN-Diode and a Fine-Tuning Varactor for USPCS/WCDMA/m-WiMAX/WLAN », IEEE Trans. Antennas Propag., vol. 58, no 7, p. 2404-2411, 2010

[62] V. Haridasan, P. G. Lam, Z. Feng, W. M. Fathelbab, J.-P. Maria, A. I. Kingon, and M. B. Steer, « Tunable ferroelectric microwave bandpass filters optimised for system-level integration », IET Microwaves Antennas Propag., vol. 5, no 10, p. 1234-1241, 2011

[63] A. Lacorte Caniato Serrano, F. Salete Correra, T.-P. Vuong, and P. Ferrari, « Synthesis Methodology Applied to a Tunable Patch Filter With Independent Frequency and Bandwidth Control », IEEE Trans. Microw. Theory Tech., vol. 60, no 3, p. 484-493, 2012

[64] Y. Corredores, Q. Simon, X. Castel, R. Benzerga, R. Sauleau, K. Mahdjoubi, A. Le Febvrier, S. Deputier, M. Guilloux-Viry, L. Zhang, P. Laurent, and G. Tanne, « Performance of frequency-agile CPW resonators on thin film ferroelectric material », 6th European Conference on Antennas and Propagation (EUCAP), p. 3591-3594, 2012

[65] M. Houssini, « Conception de circuits reconfigurables à base de MEMS RF ». Thèse de l'université de Limoges, 2009

Page intentionnellement laissée vide.

II. PROPRIETES DES MATERIAUX FERROELECTRIQUES ET RESULTATS ANTERIEURS

Page intentionnellement laissée vide.

Chapitre II. : Propriétés des matériaux ferroélectriques et résultats antérieurs

Introduction

Dans le chapitre précédent, les besoins en dispositifs hyperfréquences accordables et les principales solutions explorées pour réaliser ces fonctions agiles ont été présentés. Dans ce chapitre, nous nous intéressons aux solutions à base de matériaux ferroélectriques. Nous présentons dans un premier temps quelques généralités sur ces matériaux. Nous nous focalisons plus particulièrement sur ses propriétés diélectriques et ses intérêts pour l'agilité en hyperfréquence. Nous détaillons ensuite les propriétés des deux principaux matériaux ferroélectriques (KTN et BST) abordés dans ce travail et les techniques de dépôt de couches minces mises en œuvre afin d'évaluer les performances du matériau selon la méthode employée. Enfin, nous présentons les principaux travaux antérieurs effectués au sein du laboratoire et qui correspondent au point de départ de nos travaux.

Chapitre II : Propriétés des matériaux ferroélectriques et résultats antérieurs

II.1. Matériaux ferroélectriques : généralités

II.1.1. Définition et rappel historique

a) Définition

Un matériau est dit ferroélectrique lorsqu'il possède, dans une certaine gamme de température et en l'absence de champ électrique appliqué, une polarisation spontanée stable selon une ou plusieurs directions et dont l'orientation peut être réorientée ou même renversée par l'application d'un champ électrique [1]. Il est caractérisé par une permittivité relative pouvant être extrêmement élevée, qui est très dépendante de la température, du champ électrique et des contraintes mécaniques.

b) Rappel historique

La ferroélectricité a été découverte dans la composition chimique du sel de La Rochelle ou Sel de Seignette du nom de son inventeur, l'apothicaire Elie SEIGNETTE en 1655 [2]. Sa structure cristallographique étant très complexe, il a été uniquement exploité pour ses vertus thérapeutiques et ce pendant plus de 200 ans. Ses propriétés pyroélectriques ont été découvertes en 1818 par Sir David Brewster. En 1880, les frères Jacques et Pierre Curie ont montré également ses propriétés piézoélectriques lors de l'apparition de charges électriques suite à l'application d'une pression sur le cristal. C'est en 1918 que Cady et Anderson découvrent des valeurs très élevées de permittivité pour ce composé et de fortes variations en température. Enfin, trois ans plus tard, Vasalek met en évidence l'existence d'une polarisation spontanée en l'absence de tout champ électrique appliqué sur ce composé [3].

Une avancée considérable est permise dans les années 40, où l'on voit l'émergence de matériaux pérovskite, à structure cristalline plus simple et présentant les mêmes propriétés. Pendant une vingtaine d'années, les recherches se concentrent alors sur des composés tels que le $BaTiO_3$, et le $KNbO_3$ [4]. Aujourd'hui, ces matériaux sont utilisés sous forme massive ou en couches minces en électronique, en microélectronique et en optique.

II.1.2. Classification cristallographique et structure pérovskite

Les matériaux ferroélectriques sont des matériaux qui possèdent des caractéristiques structurales bien particulières, suivant la symétrie du matériau, une classification peut se faire en 32 classes cristallines. Les matériaux ferroélectriques font partie d'un sous-ensemble : les matériaux pyroélectriques appartenant eux-mêmes à la famille des matériaux piézoélectriques qui eux possèdent une classe cristalline non-centrosymétrique [5] (Figure II. 1).

Chapitre II : Propriétés des matériaux ferroélectriques et résultats antérieurs

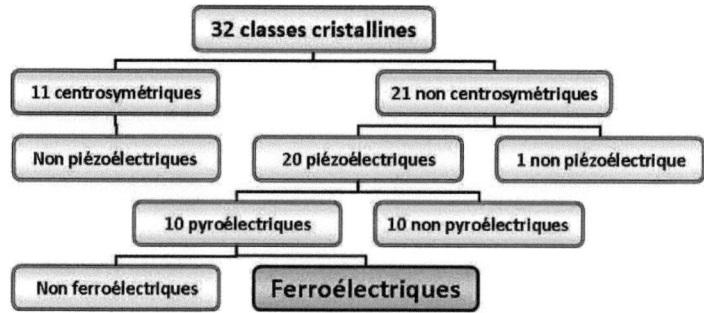

Figure. II.1 : Les différentes classes cristallines associées aux propriétés des matériaux ferroélectriques [6].

Les matériaux ferroélectriques les plus étudiés sont les structures pérovskites qui sont les plus simples d'un point de vue structural. Ces structures sont reconnaissables à leur composition générique ABO_3. Les sommets du cube sont occupés par les cations A, le centre des faces par les anions oxygène, et le centre par un cation B (Figure II.2). Il peut former des composés simples tels que $BaTiO_3$, $SrTiO_3$, $CaTiO_3$, $KNbO_3$ ou les combinaisons comme $(Ba, Sr)TiO_3$ et $K(Ta, Nb)O_3$.

Les propriétés structurales subissent de grandes variations en fonction de la température. Cette déformation structurale s'effectue aux alentours d'une température Tc caractéristique de chaque matériau ferroélectrique, la température de Curie. Au-dessus de Tc, le matériau est cubique. Les barycentres des anions et des cations de la maille cristalline sont confondus et le moment dipolaire est nul (Figure II.2.b). En dessous de cette température, la maille cristalline est distordue. Les barycentres des charges se déplacent, et créent un moment dipolaire (Figure II.2.a). Ce changement structural se traduit par une transition de phase (ferro- paraélectrique décrite à suivre).

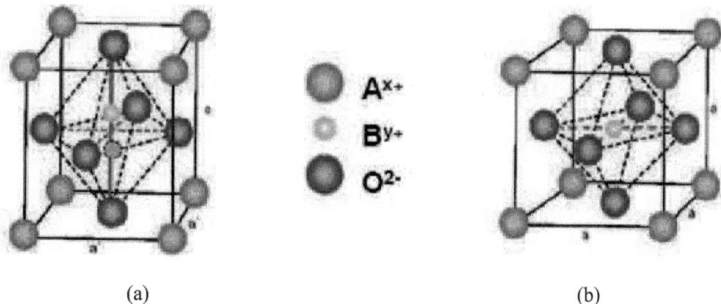

(a)   (b)

Figure. II.2 : Transition de phase de type displacif de l'ion B^{y+} dans la structure pérovskite : $(T<T_c)$ (a) et $(T > T_c)$ (b) [7].

Chapitre II : Propriétés des matériaux ferroélectriques et résultats antérieurs

II.1.3. Propriétés diélectriques et intérêts pour l'agilité en hyperfréquence

a) Constante diélectrique

La modification des propriétés structurales s'accompagne également d'une modification des propriétés diélectriques. Comme le montre la Figure II.3.a, les valeurs de permittivités apparaissent fortement dépendantes de la température et la constante diélectrique présente un pic lors du changement de phase au voisinage de la température de Curie Tc.

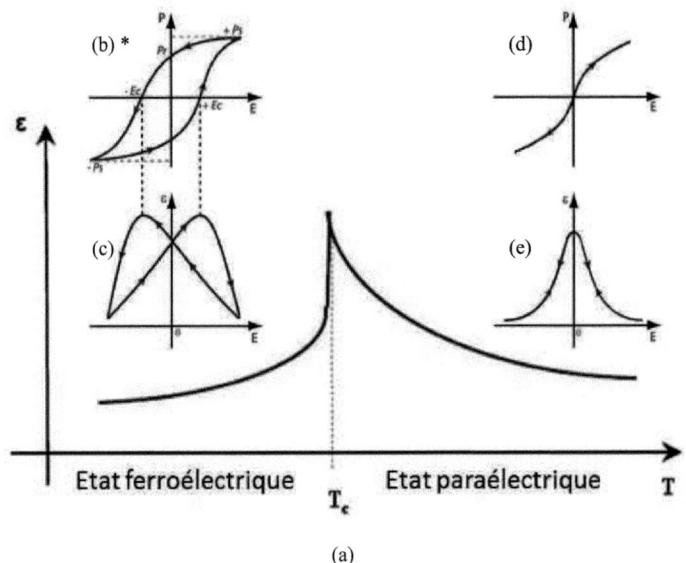

Figure. II.3 : Evolution de la constante diélectrique en fonction de la température (a), cycle de polarisation(b) et (d), évolution de la permittivité diélectrique (c) et (e), d'un matériau ferroélectrique en fonction du champ électrique appliqué, à des températures $T < T_C$ (b et c), $T > T_C$ (d et e).
* Ps (polarisation à saturation), Pr (polarisation rémanente) et Ec (champ coercitif).

Pour une température inférieure à la température de Curie, le matériau est ferroélectrique avec la présence d'une polarisation spontanée. L'évolution de la polarisation spontanée en fonction du champ est décrite par le cycle d'hystérésis (Figure II.3.b). En effet, en l'absence de champ externe, le matériau ferroélectrique possède une polarisation orientée aléatoirement. Lorsque le champ électrique augmente, les domaines de polarisation vont s'orienter dans la direction du champ électrique et grandir jusqu'à une polarisation limite (Ps). Lorsque la tension diminue à 0 V, seule une partie des domaines va se désorienter laissant ainsi apparaître une polarisation rémanente. Pour rendre la polarisation nulle, il est nécessaire d'appliquer un champ électrique -Ec (champ coercitif). Dans cet état, la variation de la permittivité diélectrique montre une irréversibilité (effet mémoire) en fonction du champ électrique appliqué (Figure II.3.c).

Au-delà de Tc, les propriétés ferroélectriques disparaissent et le matériau se trouve dans un état paraélectrique sans polarisation spontanée. Contrairement à la phase ferroélectrique, le matériau possède une réversibilité totale de sa polarisation sous champ électrique ce qui permet au matériau de retrouver l'état initial après chaque excitation extérieure (Figure II.3.d, Figure II.3.e). C'est pour cette raison que cette phase est la phase privilégiée pour les applications d'agilité à base de ferroélectriques. Dans cette phase, la valeur de la permittivité suit une loi de type Curie-Weiss :

$$\varepsilon_r = \frac{C}{T-T_0} \qquad \text{Pour T} > T_C \qquad \text{II. 1}$$

Où C et T_0 sont respectivement la constante de Curie et la température de Curie-Weiss.

Prenons à présent le cas pratique où le champ électrique appliqué est sinusoïdal, soit :

$$\vec{E} = \vec{E}_0 \times e^{j\omega t} \qquad \text{II. 2}$$

Le matériau n'étant pas parfait, il se passe un certain laps de temps entre le moment où le champ est appliqué et celui où la polarisation varie. Le déphasage résultant peut être mesuré grâce à l'introduction de la notion de permittivité complexe en fonction de la pulsation ω :

$$\varepsilon_r(\omega) = \varepsilon'(\omega) - i \cdot \varepsilon''(\omega) \qquad \text{II. 3}$$

Avec :

$$\varepsilon'(\omega) = \varepsilon_r(\omega = 0) \cdot \cos\delta \qquad \text{II. 4}$$

$$\varepsilon''(\omega) = \varepsilon_r(\omega = 0) \cdot \sin\delta \qquad \text{II. 5}$$

Au fur et à mesure que la pulsation d'excitation d'un champ électrique alternatif augmente, certains types de polarisations n'ont plus le temps de s'établir, des relaxations et des résonances apparaissent accompagnées de mécanismes de pertes qui sont caractérisés par des pics au niveau de $\varepsilon_r''(\omega)$ (Figure II.4).

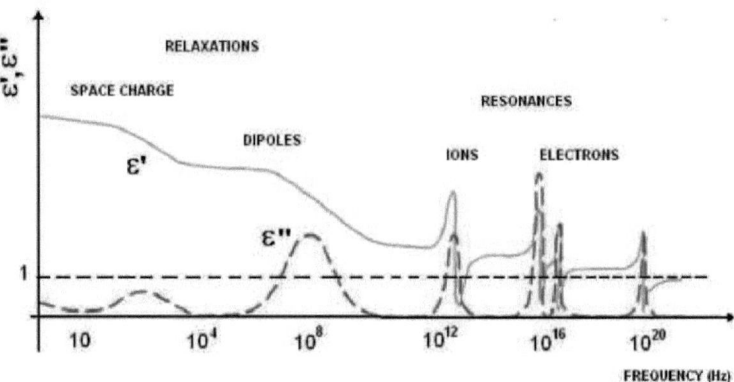

Figure. II.4 : Variation des parties réelle et imaginaire de la permittivité d'un matériau diélectrique en fonction de la fréquence [8]

b)   Pertes diélectriques

Les fortes pertes diélectriques sont un des principaux défauts dont souffrent les matériaux ferroélectriques. Le plus souvent, les pertes diélectriques sont définies comme étant le rapport entre partie imaginaire et partie réelle.

$$Tan\delta = \frac{\varepsilon''(\omega)}{\varepsilon'(\omega)}$$ II. 6

Ces pertes freinent le développement de dispositifs hyperfréquences accordables à base de ces matériaux. Ces pertes ont des origines variées. On peut les classer dans deux catégories : celles qui sont intrinsèques au matériau et celles qui proviennent d'éléments extérieurs (extrinsèques). Les pertes intrinsèques résultent d'une perte d'énergie lors de l'interaction entre les ondes électromagnétiques appliquées et les vibrations de réseaux cristallins. Les pertes extrinsèques sont liées à la présence de défauts ou charges ponctuelles dans le matériau et aussi à la présence de nano régions polaires dans des matériaux à l'état paraélectrique [9]. On pourra par ailleurs rajouter, aux pertes diélectriques, les pertes par conduction qui sont dues aux mouvements de porteurs libres lors de l'application d'une tension. Ces pertes dépendent de la conductivité du matériau ainsi que de la pulsation ω du signal appliqué.

c)   Intérêts pour l'agilité en hyperfréquences

Dans les matériaux ferroélectriques, la variation de la permittivité en fonction du champ $\vec{E}$ est exploitée pour réaliser des dispositifs accordables tels que les capacités, les déphaseurs ou encore les filtres. L'agilité exprime cette variation de la permittivité sous champ par rapport à celle en l'absence de champ :

$$Agilité\,(\%) = \frac{\varepsilon(T, E = 0) - \varepsilon(T, E)}{\varepsilon(T, E = 0)} \qquad \text{II. 7}$$

Où E et T sont respectivement le champ électrique appliqué et la température.

Cette agilité peut être exprimée également à partir de variation du paramètre du dispositif réalisé à base de ces matériaux (variation de capacité, variation de fréquence de résonance...).

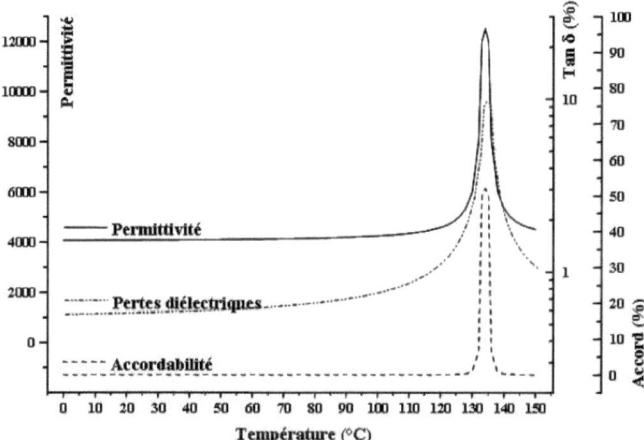

Figure. II.5 : Evolution schématique de la permittivité, de l'agilité et des pertes diélectriques d'un matériaux ferroélectrique (BaTiO₃) en fonction de la température [10]

Pour avoir les meilleures performances avec ces dispositifs, la permittivité et l'agilité doivent être les plus élevées possibles à température ambiante. Les matériaux ferroélectriques à base de solutions solides pérovskites (par exemple : $Ba_{1-x}Sr_xTiO_3$, $KTa_{1-x}Nb_xO_3$, etc.) permettent d'ajuster la température de Curie avec la composition afin d'avoir une température de Curie proche de la température ambiante. Mais, les pertes diélectriques sont, elles aussi, maximales à cette température (Figure II.5). De plus, la reproductibilité et la réversibilité souhaitées de la permittivité sous champ électrique nécessitent un matériau dans sa phase paraélectrique afin de s'affranchir de l'hystérèse de la polarisation comme indiqué précédemment. C'est pour cela qu'il est important d'utiliser un matériau avec un meilleur compromis entre pertes et agilité. Ce compromis est quantifié grâce au facteur de qualité en commutation, défini de la manière suivante [11] :

$$K = \frac{(n-1)^2}{n \cdot \tan\delta(E=0) \cdot \tan\delta(E)} \qquad \text{II. 8}$$

Où n est l'agilité du matériau.

Chapitre II : Propriétés des matériaux ferroélectriques et résultats antérieurs

II.1.4. **Dispositifs agiles à base de matériaux ferroélectriques**

Dans cette partie, des exemples récents de diverses fonctions (capacité, déphaseur, filtre, antenne,...) associant des matériaux ferroélectriques à une structure passive classique sont présentés avec la définition de leurs principaux paramètres qui nous permettent d'évaluer leurs performances.

a) **Capacités accordables**

Suivant leurs géométries, on distingue deux types de capacités : les capacités MIM (Métal Isolant Métal) où le ferroélectrique est pris en sandwich entre les deux électrodes et les capacités interdigitée (IDCs) où les deux électrodes sont déposées sur un même côté du matériau ferroélectrique.

- <u>Les capacités MIM</u> : ce type de capacité est formé par deux couches métalliques séparées par un isolant qui est la couche ferroélectrique (Figure II.6).

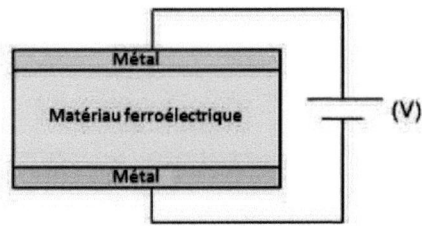

Figure. II.6 : Schéma de principe d'une capacité MIM

Le champ électrique E (V/m) qui règne dans le matériau placé entre les deux électrodes est défini à l'aide de la formule simplifiée.

$$E = \frac{V}{e}$$ II. 9

Où e est l'épaisseur du matériau ferroélectrique et V la tension appliquée.

Le fait d'appliquer une tension variable aux bornes des deux électrodes de la capacité MIM, soumet le matériau ferroélectrique à un champ électrique variable et entraine une variation de la permittivité d'où la variation de la capacité. Les capacités MIM ferroélectriques sont souvent utilisées pour les applications à forte agilité car elles permettent d'avoir des capacités de fortes valeurs avec une grande dynamique de variation. Cependant, le procédé de fabrication est complexe pour réaliser le dépôt de la couche ferroélectrique et l'élaboration de l'électrode supérieure.

Dans le cas d'une couche massive, il est nécessaire d'appliquer une forte tension pour obtenir un champ électrique suffisant, Par exemple pour obtenir un champ E de 80 kV / cm en appliquant une

Chapitre II : Propriétés des matériaux ferroélectriques et résultats antérieurs

tension de 200 V entre les électrodes d'une capacité MIM, il est nécessaire que celles-ci soient distantes de 25 µm.

La Figure II.7 présente l'exemple d'une capacité MIM à base de matériau $Ba_{0.7}Sr_{0.3}TiO_3$ d'épaisseur 70 nm déposé sur un substrat de silicium de 500 µm [12]. La capacité varie de 60 pF (0 V) à 22 pF (7 V) soit une agilité de 63 %. Cette agilité est définie par la formule :

$$Agilité_{xv} = \frac{C_{0v} - C_{xv}}{C_{0v}} \times 100 \qquad\qquad \text{II. 10}$$

Où (C_{0v}) est la valeur de la capacité sans polarisation (à 0 V) et (C_{xv}) la valeur de la capacité quand une tension maximale lui est appliquée.

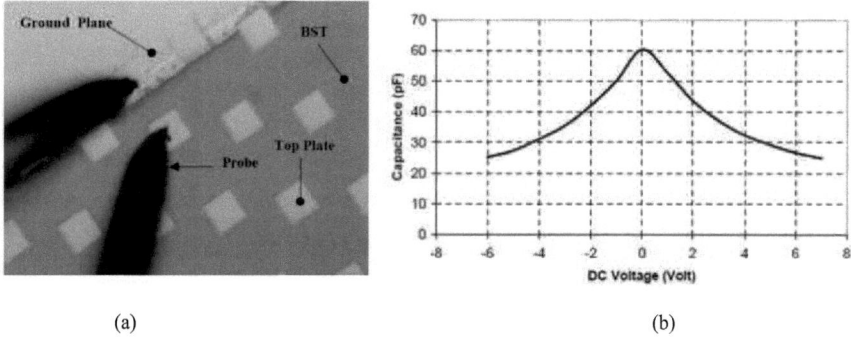

(a)　　　　　　　　　　　　　　　　　　　　(b)

Figure. II.7　: Capacités MIM sur une couche de BST (a) et mesure de la capacité en fonction de la tension de polarisation (b) [12]

- <u>Les capacités interdigitées</u> ferroélectriques : contrairement à la capacité MIM, cette capacité est planaire. Elle est formée de plusieurs doigts, de longueur et de largeur fixes, séparés par de petits gaps (généralement identiques) sur une couche ferroélectrique. Cette dernière est directement déposée sur le substrat (Figure II.8). Cette topologie permet d'avoir des capacités de faibles valeurs de l'ordre de quelques centaines de femto Farad (fF) à quelques pico Farad (pF) [13]. La mise en œuvre technologique est plus simple et moins couteuse que celle de capacité MIM. Pour obtenir de fortes agilités avec des tensions modérées, il est nécessaire d'avoir de faibles distances entre les doigts, c'est-à-dire de disposer d'une technologie de grande précision. Malheureusement, la répartition du champ électrique appliqué entre les doigts de la capacité interdigitée n'est pas optimale au niveau de la couche ferroélectrique ce qui induit une agilité moindre.

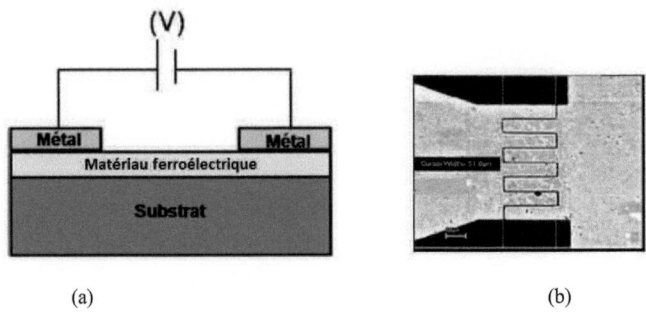

Figure. II.8 : Schéma de principe (a) et photographie (b) d'une capacité interdigitée (Gap = 3 um) [14]

La capacité accordable à base de couche mince ferroélectrique, à savoir MIM ou interdigitée, reste un bon candidat pour réaliser des dispositifs reconfigurables en fréquence tels que les déphaseurs accordables, les filtres et des résonateurs agiles et les antennes accordables.

b) Déphaseurs accordables

Les déphaseurs à base des matériaux ferroélectriques constituent l'un des composants les plus étudiés. Leur principale utilisation se situe dans les réseaux d'antennes à commande de phase présentés précédemment. Ils permettent de contrôler la phase afin de diriger le faisceau de l'antenne. Le déphasage est fait par la modification de la vitesse de phase de l'onde électromagnétique qui circule le long d'une ligne de transmission réalisée déposée sur une couche ferroélectrique (cas de déphaseur à ligne à retard) [15] ou par l'association d'une ou plusieurs capacités agiles à cette ligne (cas de déphaseur chargé périodiquement, déphaseur en réflexion) [16]. Le facteur de mérite FoM (Figure of Merit) représentant le compromis déphasage / pertes est le paramètre le plus explicite pour caractériser leurs performances [17]. Cette grandeur est le rapport entre le déphasage relatif obtenu sous l'action d'un champ électrique et les pertes d'insertion du déphaseur :

$$FoM = \frac{\delta\phi(°)}{|S_{21}|(dB)} \qquad \text{II. 11}$$

La Figure II.9 présente un exemple d'un déphaseur à base de couche mince de $KTa_{0,65}Nb_{0,35}O_3$ réalisé au sein de notre laboratoire. Il est constitué d'une ligne coplanaire périodiquement chargée par des capacités interdigitées (IDCs). La longueur et la largeur des doigts des IDCs sont de 130 µm et de 10 µm respectivement, et l'espacement entre les doigts est de 13 µm (Figure II.9.b) [18]. Les dimensions du guide coplanaire sont : W = 60 µm et G = 300 µm (Figure II.9.c).

Chapitre II : Propriétés des matériaux ferroélectriques et résultats antérieurs

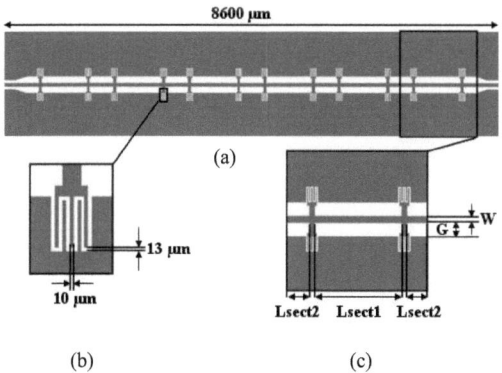

Figure. II.9 : Design d'un déphaseur à base de films de $KTa_{0,65}Nb_{0,35}O_3$ / saphir R en technologie CPW à 6 cellules identiques : vue globale du déphaseur (a), zoom sur un IDC (b) et la structure schématique d'une section du déphaseur (c).

A 10 GHz, un déphasage de 88° est obtenu avec une tension de commande 120 V (92 kV / cm). Les valeurs de FoM sont assez stables et restent comprises entre 11,2 et 11,5°/dB sur la bande de fréquence 8 - 12 GHz pour une tension de commande de 120 V (Figure II.10). Ces valeurs de FoM sont proches de celles obtenues avec un ferroélectrique BST (FoM de 12,3°/dB avec une même topologie) [19]. Le déphasage est plus important dans le cas de ferroélectrique KTN (77° pour le KTN et 43° pour le BST, dans les mêmes conditions : un champ électrique de 70 kV/cm à 10 GHz), par contre les pertes d'insertion sont plus raisonnables dans le cas de BST (3,5 dB pour le BST et 7,6 dB pour le KTN), certainement en lien direct avec les pertes diélectriques des matériaux.

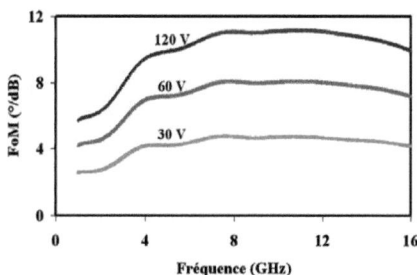

Figure. II.10 : Facteur de mérite en fonction de la fréquence.

La Figure II.11 présente un exemple de déphaseur en réflexion chargé par des capacités ferroélectriques interdigitées (IDCs) à base de matériaux BST. Ces capacités IDCs possèdent un gap de 15 μm entre les doigts. Le déphaseur présente une agilité de 38 % pour une tension appliquée de 200 V (133 kV/cm). A 10 GHz, la variation de phase est de 40° sous une tension de 250 V

Chapitre II : Propriétés des matériaux ferroélectriques et résultats antérieurs

(166 kV/cm) et les pertes d'insertion sont inférieures à -0,7 dB. Ces résultats conduisent à un fort facteur de mérite de 57°/ dB [20].

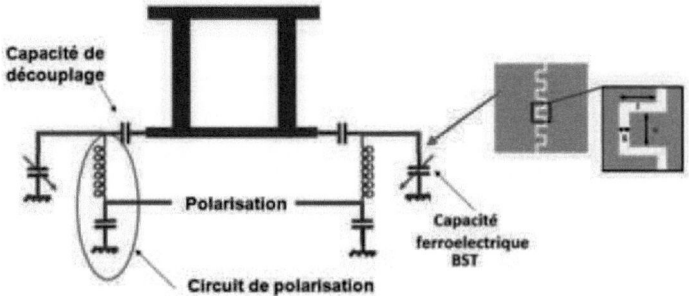

Figure. II.11 : Déphaseur en réflexion chargé par des capacités ferroélectriques interdigitées

c) Filtres accordables

Un filtre accordable est généralement issu de l'association d'un (ou plusieurs) élément(s) d'accord aux différents résonateurs du filtre. Les technologies de réalisation de filtres accordables sont nombreuses et diverses (planaires, volumiques ...) selon les spécifications électriques à atteindre. Les filtres passe bande accordables sont les plus étudiés dans la plupart des applications. Les paramètres pris en compte dans ces types de filtres sont : la fréquence centrale et la bande passante. Les pertes d'insertion et de réflexion sont les deux paramètres critiques, puisqu'ils influent directement sur les performances du système RF qui les intègre. La grandeur utilisée pour caractériser leurs performances est le facteur de qualité à vide Q_0 calculé grâce à la formule :

$$Q_0 = \frac{Q_L}{1-|S_{21}(f_0)|} \qquad \text{II. 12}$$

Où $S_{21}(f_0)$ est le paramètre S_{21} (transmission) du résonateur à sa fréquence de résonance et Q_L est le facteur de qualité du résonateur chargé défini par :

$$Q_L = \frac{f_0}{\Delta f} \qquad \text{II. 13}$$

Où f_0 est la fréquence de résonance du résonateur et Δf est la bande passante à -3 dB (Figure II.12)

Chapitre II : Propriétés des matériaux ferroélectriques et résultats antérieurs

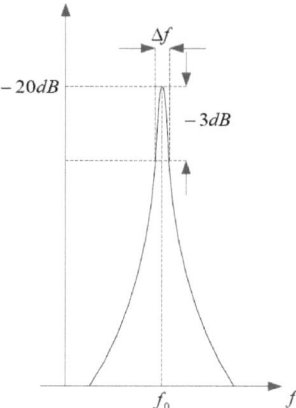

Figure. II.12 : Calcul du coefficient de qualité en charge à partir de la réponse électrique en transmission d'un résonateur [21]

La Figure II.13 montre le niveau des pertes d'insertion en fonction de la taille de quelques résonateurs micro-ondes typiques avec un intervalle estimé de valeur de Q pour chaque catégorie de résonateur à 5 GHz. On voit bien que les performances au niveau des pertes d'insertion et de la taille du dispositif sont très dépendantes de la structure et du matériau et malheureusement antagonistes d'une manière générale, excepté pour les supraconducteurs.

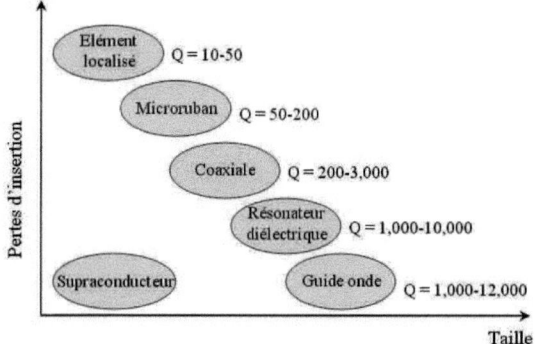

Figure. II.13 : Pertes d'insertion en fonction de la taille relative et selon la technologie employée pour les divers résonateurs hyperfréquences [22]

L'agilité peut se faire en fréquence centrale [23], en bande passante [24] et les deux simultanément [25]. Dans la majorité des cas, compte tenu du fait que la bande passante et la fréquence centrale sont liées par la synthèse, lorsque l'on accorde un filtre passe-bande en fréquence centrale, on subit une variation non maitrisée de la bande passante et vice versa. De fait, il est important de développer des filtres passe-bande permettant un contrôle simultané ou indépendant de ces deux paramètres. L'agilité en fréquence centrale est définie par :

$$Agilité(\%) = \frac{f_C(V) - f_C(0)}{f_C(0)} \times 100 \qquad \text{II. 14}$$

Les filtres accordables à base de couches minces ferroélectriques ont fait l'objet d'un assez grand nombre d'études, mais ils ont montré moins de succès, en particulier dans le cas de filtres à bande étroite, à cause des pertes diélectriques apportées par les matériaux ferroélectriques. La Figure II.14.a présente l'exemple d'un filtre microruban d'ordre 3 agile en fréquence centrale à base de capacités ferroélectriques BST [26]. Les paramètres S de transmission mesurés sont présentés sur la Figure. II.14.b. La fréquence centrale à 0 V est de 6,74 GHz et les pertes d'insertion sont de 7,43 dB. Elle passe à 8,23 GHz avec des pertes d'insertion de 4,82 dB sous une tension appliquée de 65 V, soit une agilité de 22 %. Les coefficients de réflexion sont inférieurs à -18 dB.

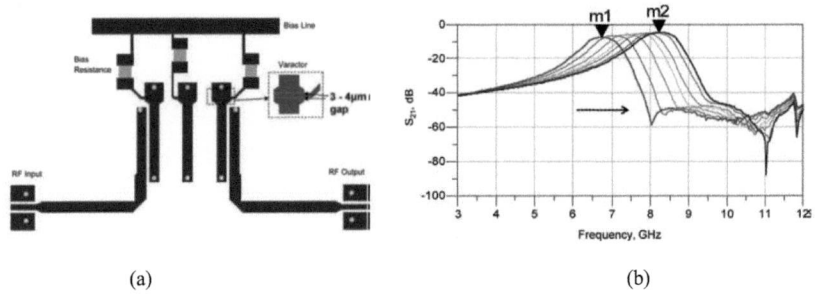

(a) (b)

Figure. II.14 : Filtre microruban accordable (a) et paramètres S_{21} mesurés (b)

d) Antennes accordables

Les antennes reconfigurables sont des antennes passives auxquelles sont ajoutés des composants actifs qui permettent de modifier les propriétés de ces dernières. Ainsi, de telles antennes peuvent changer leur comportement en temps réel, en accord avec une stratégie de communication définie par le système dans son ensemble ; de nombreuses fonctionnalités sont envisageables telles que la formation de faisceau, la gestion simultanée de plusieurs polarisations (linéaire horizontale, verticale, circulaire, et elliptique) à différentes fréquences, la commutation de bandes ou encore l'accord en fréquence sur une bande ultra large par exemple. Dans la littérature, il n'existe que très peu d'études qui utilisent des matériaux ferroélectriques dans le but d'obtenir une reconfigurabilité fréquentielle.

Chapitre II : Propriétés des matériaux ferroélectriques et résultats antérieurs

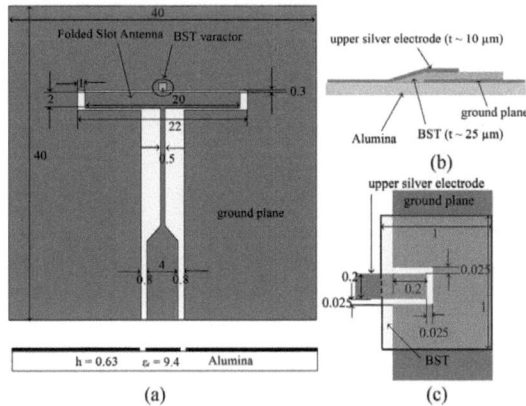

Figure. II.15 : Antenne à fente repliée agile à base de capacité ferroélectrique BST : structure (a) capacité ferroélectrique BST (b) et vue de dessus (c)

L'exemple d'une antenne coplanaire à fente repliée agile à base d'une capacité ferroélectrique MIM est présenté sur la Figure II.15. La capacité MIM est formée de deux électrodes d'argent et entre elles un film de 25 µm de BST [27]. L'électrode supérieure fait partie de la métallisation de l'antenne. Une antenne similaire sans la capacité variable est également fabriquée afin d'étudier l'influence de la localisation de cette capacité sur la réponse globale de l'antenne. Les résultats de mesures de l'antenne agile et de celle de référence sont présentés sur la Figure II.16. Une agilité de 3,5 % de la fréquence de résonnance sous une tension de polarisation de 200 V (E = 80 kV/ cm) a été observée. Un décalage en fréquence de l'antenne agile à 0 V par rapport à l'antenne de référence a été également identifié. Ce décalage est dû à la localisation de cette capacité.

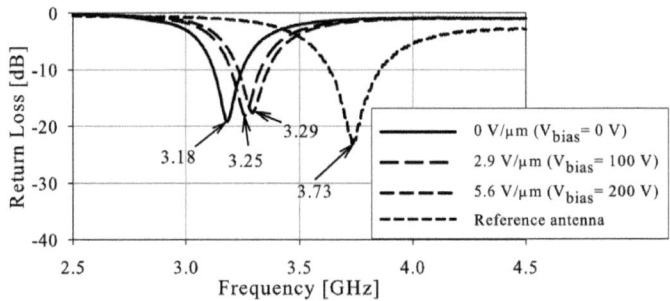

Figure. II.16 : Paramètres S_{11} mesurés d'une antenne à fente repliée à base de capacité ferroélectrique BST

Chapitre II : Propriétés des matériaux ferroélectriques et résultats antérieurs

II.2. BST et KTN

Pour réaliser des dispositifs accordables, on a besoin d'une agilité suffisante ($\geq 10\%$) qui est atteignable par presque tous les matériaux ferroélectriques de permittivité élevée aux fréquences micro-ondes. Par contre, les fortes pertes diélectriques posent un problème majeur pour leur développement. Dans cette section, nous présenterons en détail les deux matériaux ferroélectriques les plus prometteurs pour la réalisation de dispositifs hyperfréquences agiles.

II.2.1. Matériaux ferroélectriques $Ba_xSr_{1-x}TiO_3$

Le matériau $Ba_xSr_{1-x}TiO_3$ (BST) est le matériau ferroélectrique le plus utilisé pour réaliser les dispositifs hyperfréquences accordables. La Figure II.17 montre, selon la concentration de baryum, que ce matériau présente des maximums de permittivité dans la gamme de température 0-390 K. Ces pics de permittivité correspondent à la température de transition Tc. Il est donc possible d'ajuster la température de Curie par le choix d'une bonne concentration en baryum.

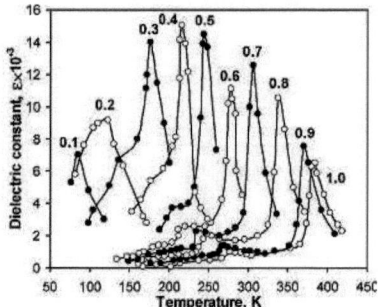

Figure. II.17 : Dépendance de la permittivité de céramique BaxSr1-xTiO3 en fonction de la température pour différentes concentrations en Ba [28].

La plupart des composés dérivés du titanate de baryum se présentent sous leur forme céramique. Le passage en couche mince diminue considérablement la permittivité ainsi que l'agilité tout en augmentant les pertes diélectriques. Il paraît donc naturel d'étudier la dépendance de ses propriétés diélectriques en température. Si ces mesures sont moins aisées que celles effectuées sur des matériaux massifs, de nombreux auteurs ont néanmoins pu montrer que la sensibilité des couches minces ferroélectriques à la température est nettement moindre que celle des matériaux dont elles proviennent avec un décalage de la température de Curie vers les basses températures (Figure II.18). Parmi les hypothèses avancées pour expliquer l'absence, la largeur ou le décalage du maximum de permittivité par rapport aux matériaux massifs, on trouve :

Chapitre II : Propriétés des matériaux ferroélectriques et résultats antérieurs

- l'influence majeure du substrat sur les propriétés structurales (croissance de la couche, effets de contraintes, etc.), sur la composition des films (effets d'interdiffusion) et sur les propriétés physiques (conducteur, isolant, magnétique, transparent…)
- la méthode de dépôt utilisée.

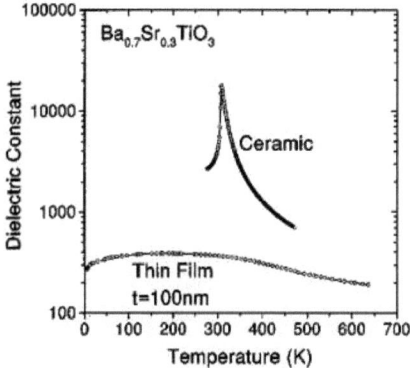

Figure. II.18 : Comparaison des propriétés diélectriques entre un matériau massif et une couche mince [29].

II.2.2. Matériaux ferroélectriques $KTa_{1-x}Nb_xO_3$

Le matériau $KTa_{1-x}Nb_xO_3$ (KTN) est un matériau qui a été récemment sujet à un grand nombre de publications. C'est un matériau composé d'une solution solide entre $KTaO_3$ et $KNbO_3$ avec une séquence de transitions de phase. Trois types de transformation structurale se produisent lorsqu'on diminue la quantité de tantale : cubique (phase paraélectrique) - tétragonale (phase ferroélectrique), tétragonale - orthorhombique (phase ferroélectrique), orthorhombique - rhomboédrique (phase ferroélectrique) (Figure II.19.a). Il possède beaucoup d'analogies avec le BST. Il est ainsi possible de choisir la température de Curie (Tc) en ajustant correctement la quantité de niobium par rapport à la quantité de tantale. La formule empirique déduite des mesures diélectriques en température réalisées sur des matériaux massifs de KTN donne la température de Curie [30] :

$$T_C(K) = 676x + 32 \qquad \text{pour x>0,05} \qquad \text{II. 15}$$

Avec x la proportion de niobium

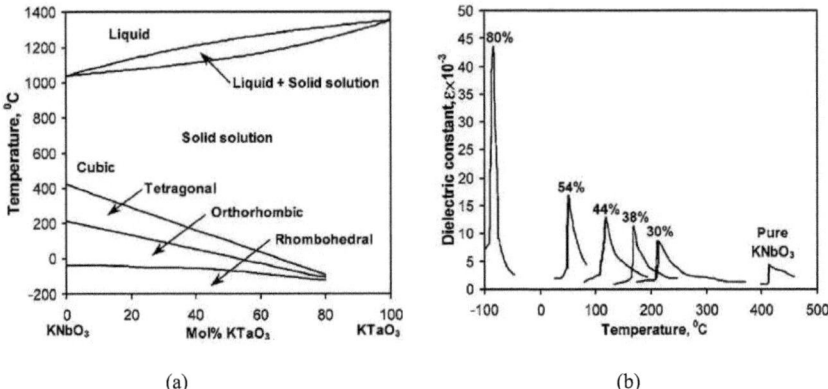

Figure. II.19 : Diagramme de phase de la solution solide $KNbO_3$ - $KTaO_3$ en fonction de la température et de la composition (a) [31], évolution de la permittivité en fonction de la température ; les pourcentages indiquent la proportion de $KTaO_3$; mesures sous un champ de 5 V/cm et 10 kHz (b)

La Figure II.19.b présente les évolutions en température des constantes diélectrique de différentes compositions de la solution solide KTN. La gamme de température de Curie T_C est comprise entre 0 K et 700 K [31]. Les monocristaux de KTN sont soumis à de fortes premières transitions de phase de telle sorte que la permittivité diélectrique est supérieure à 1000 sur une large gamme de température. Ce matériau présente de nombreux intérêts en termes d'économie d'énergie. En effet, la croissance de KTN requiert une température de dépôt inférieur d'environ 100°C à celle nécessaire pour les films de BST, avec des caractéristiques cristallines comparables [32]. Ce matériau a montré une agilité en massif plus forte que celle obtenue avec le BST (pour les mêmes valeurs des champs électriques appliqués) [33].

Comme dans le cas de BST, il est nécessaire de voir la dépendance des propriétés diélectriques en température de la couche mince par rapport à leur forme en massif. Ces travaux constituent une partie de notre troisième chapitre.

II.2.3. Dépôt de couches minces ferroélectriques

Les intérêts d'utiliser des couches minces par rapport au matériau massif pour réaliser les dispositifs accordables sont multiples. On peut citer par exemple :
- La facilité d'intégration dans les circuits.
- Le coût moindre.
- Un champ électrique appliqué plus faible.

La fabrication de couches minces ferroélectriques peut se faire selon plusieurs techniques de dépôt dites chimiques et physiques. On observe d'importantes différences dans la qualité des couches

Chapitre II : Propriétés des matériaux ferroélectriques et résultats antérieurs

obtenues en fonction de la technique de dépôt utilisée, mais également en fonction de très nombreux autres facteurs paramétrant les dépôts :

- Les procédés physiques (ablation laser pulsée [34], évaporation, pulvérisation cathodique) pour lesquels la croissance a lieu par condensation sur un substrat de "jets" de molécules ou d'atomes neutres ou ionisés.
- Les procédés chimiques : dans ce cas, ce sont une ou plusieurs réactions chimiques à la surface du substrat qui assurent la croissance du film, à partir d'une phase vapeur (dépôt chimique en phase vapeur CVD, dépôt par couche atomique ADL) ou liquide (sol-gel [35], voie chimique en solution CSD).

II.3. Résultats antérieurs obtenus au laboratoire

II.3.1. Choix du substrat

Au sein du Lab-STICC, les études sur les ferroélectriques se sont concentrées, dans un premier temps, sur le choix du substrat et ses influences sur les paramètres diélectriques de films minces ferroélectriques, couches développées à l'Unité de Sciences Chimiques de Rennes 1. Ces travaux ont été réalisés au cours de la thèse de Vincent LAUR [36].

Ces travaux ont débuté par la mise au point d'une méthode de caractérisation adaptée à des couches minces ferroélectriques (SDA). Ensuite, afin d'obtenir des couches minces de bonne qualité structurale, des couches minces KTN déposées sur des substrats différents ont été analysées. Quatre substrats ont été principalement étudiés : oxyde de magnésium (MgO), aluminate de lanthane (LaAlO$_3$ noté LAO), saphir R (Al$_2$O$_3$ monocristallin) et d'alumine (Al$_2$O$_3$ polycristallin).

La Figure II.20 présente les valeurs expérimentales de la permittivité (ε_r) et des pertes diélectriques (tan δ) de couches minces de KTN (environ 300 nm) de composition identique (x=0,4) déposées sur ces quatre substrats en fonction de la fréquence.

- Substrat d'aluminate (LAO) :
  Sur ce substrat, le film de KTN possède la plus forte valeur de permittivité (1182 à 30 GHz) grâce à une meilleure qualité cristalline de la couche. La rugosité des films sur LAO est R$_{rms}$ ≈ 7 nm pour une rugosité du substrat de R$_{rms}$ ≈ 0,70 nm.
- Substrat d'oxyde de magnésium (MgO) :
  La permittivité est plus faible (241 à 30 GHz), malgré une croissance épitaxiale de KTN. Il est particulièrement intéressant de noter que les pertes diélectriques sont les plus faibles sur MgO. La rugosité des couches est R$_{rms}$ ≈ 5 nm et celle du substrat est R$_{rms}$ ≈ 0,24 nm.
- Substrat de saphir R (Al2O3 monocristallin) :
  Sur ce substrat, la permittivité du KTN est 518 à 30 GHz. Il existe deux familles de grains qui sont légèrement plus gros que ceux de LAO et MgO (orientations dans le système pseudo cubique de KTN (100) et (110)). Une rugosité importante est obtenue pour des couches déposées sur ce substrat (R$_{rms}$ ≈ 10 nm) malgré sa faible rugosité R$_{rms}$ ≈ 0,2 nm.

Chapitre II : Propriétés des matériaux ferroélectriques et résultats antérieurs

- Substrat d'alumine (Al2O3 polycristallin) :
  Les films polycristallins de KTN présentent une permittivité diélectrique de 366 à 30 GHz. Les pertes diélectriques augmentent fortement à cause d'une croissance aléatoire de la couche du KTN.

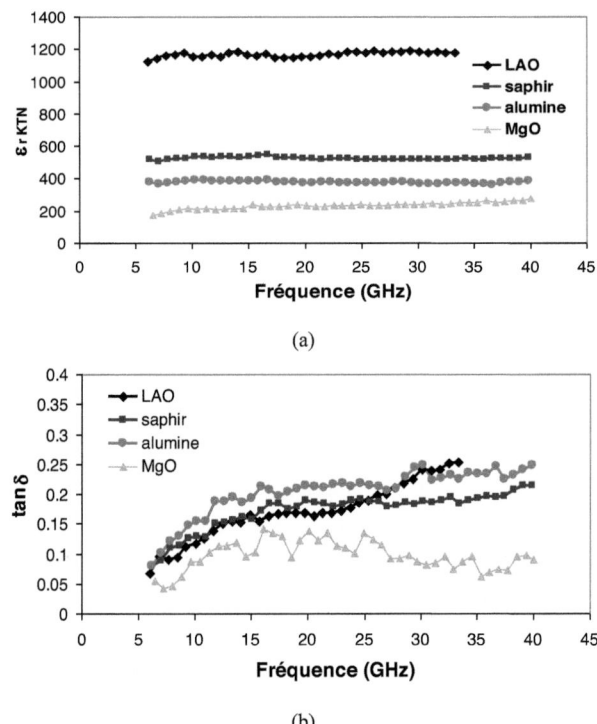

Figure. II.20 : Permittivité (a) et pertes diélectriques (b) de films $KTa_{0,6}Nb_{0,4}O_3$ en fonction de la fréquence pour quatre substrats.

Un autre travail a consisté à étudier et à réaliser des dispositifs élémentaires tels que des IDCs, des stubs et des déphaseurs (ligne coplanaire simple, ligne à retard, ligne chargée périodiquement par des IDCs) à base de couches minces KTN de 500 nm sur substrat de saphir R.

Le Tableau. II. 1 résume les meilleures performances obtenues. Pour les IDCs, la meilleure performance en terme de compromis agilité/pertes (CQF = 20,3) est obtenue avec la composition KTN50/50 sous un champ électrique de 50 kV/cm (120 V appliqués avec un gap de 24 µm).

Chapitre II : Propriétés des matériaux ferroélectriques et résultats antérieurs

Dispositif	Matériau utilisé	Agilité maximale (%)	Pertes du dispositif	Compromis agilité/pertes
Capacité interdigitée	$KTa_{0,50}Nb_{0,50}O_3$	29,2 à 2,5 GHz	Pertes totales (% d'énergie perdue) = 0,13 à 2,5 GHz	CQF=20,3 à 2,5 GHz
Résonateur à stub	$KTa_{0,45}Nb_{0,55}O_3$	25,8 (fréquence de travail = 5,9 GHz)	Pertes totales (% d'énergie perdue) = 0,13 à 5,9 GHz	
Déphaseur à ligne chargée par des IDCs	$KTa_{0,50}Nb_{0,50}O_3$	17,2 à 20 GHz	Pertes d'insertion 5,3 dB à 20 GHz	FoM=3,21°/dB à 20 GHz

Tableau. II.1 : *Meilleures performances obtenues avec des dispositifs élémentaires à base de couches minces KTN de 500 nm sur substrat de saphir R. (champ électrique de 50 kV/cm (120 V appliqués avec un gap de 24 µm).*

Le facteur de qualité « Commutation Quality Factor », basée sur un modèle RC série équivalent de la capacité, tient compte à la fois de la variation de capacité et des pertes de l'IDC et est définie par :

$$CQF = \frac{\left(\frac{C_{0V}}{C_{120V}}-1\right)^2}{(\omega * C_{0V})^2 * R_{0V} * R_{120V}} \qquad \text{II. 16}$$

Une variation maximale de 25,8 % de la fréquence de résonance de résonateurs à stub a été obtenue avec un facteur de mérite de 7,5°/dB à 11,5 GHz. En ce qui concerne les déphaseurs à base d'hétérostructure $KTa_{1-x}Nb_xO_3$/saphir, les performances de trois topologies de déphaseur (ligne coplanaire simple, ligne à retard, ligne chargée périodiquement par des IDCs) ont été également comparées. Ainsi, le meilleur FoM de 3,21°/dB est obtenu à 20 GHz avec le déphaseur à ligne chargée périodiquement par des IDCs. Sous un champ électrique de 50 kV/cm, le déphasage obtenu est de 17,2° à 20 GHz.

II.3.2. **Amélioration de performances de matériaux KTN**

Les études antérieures effectuées par Vincent LAUR ont montré le potentiel important des films minces de ferroélectrique $KTa_{1-x}Nb_xO_3$ (KTN) notamment grâce à de forts taux d'agilité. Les performances des dispositifs microondes conçus avec le matériau KTN restent cependant limitées en raison des fortes pertes diélectriques. Pour répondre à cette limitation, des pistes ont été développées et testées dans la thèse de Ling Yan ZHANG dans le but d'améliorer le compromis agilité/pertes [37].

a) **Dopage de la couche KTN**

La première piste est le dopage de la couche KTN. Deux dopants ont été retenus et mixés pour conserver une agilité très acceptable tout en diminuant les pertes intrinsèques du KTN. L'étude a

Chapitre II : Propriétés des matériaux ferroélectriques et résultats antérieurs

commencé par une comparaison des propriétés diélectriques de deux films de $KTa_{0,65}Nb_{0,35}O_3$ sans et avec dopage par ajout de 6% de MgO. Les mesures montrent une forte diminution des pertes diélectriques des films dopés tout en conservant les mêmes permittivités diélectriques (Tableau. II. 2) [38].

Composition des films	ε_r	Tan δ
KTN65/35	320	0,211
KTN65/35 + 6 % MgO	320	0,079

Tableau. II.2 : *Influence de dopage de 6% MgO sur la permittivité et les pertes diélectriques de la couche mince de KTN*

Pour approfondir cette étude et chercher le pourcentage optimal de dopant, des capacités interdigitées ont été réalisées sur des films ferroélectriques déposés sur saphir R pour la composition x = 0,50 et contenant un ajout de 3, 6 et 10% de MgO (Tableau. II. 3). Le meilleur compromis agilité/pertes est obtenu avec un pourcentage de 3% de MgO [39]. Les pertes diélectriques sont fortement réduites, mais malheureusement, l'agilité est également diminuée. Ceci pourrait être relié à la diminution de la température de Curie avec le dopage MgO. Nous tâcherons d'avoir une discussion détaillée autour de cette suggestion dans le prochain chapitre.

Composition du KTN	Dopage	Capacité (pf) à 0 V	Agilité (%) à 120V	Facteur Q à 0 V	CQF
$KTa_{0.50}Nb_{0.50}O_3$	NON	0.217	12.9	12	28
$KTa_{0.50}Nb_{0.50}O_3$	3% MgO	0.215	6.20	28	51
$KTa_{0.50}Nb_{0.50}O_3$	6% MgO	0.174	2.48	36	34
$KTa_{0.50}Nb_{0.50}O_3$	10% MgO	0.170	1.55	32	16

Tableau. II.3 : *Evolution des performances (agilité, Q et CQF) d'une IDC réalisée à 2,5 GHz sous un champ de commande maximum d'environ 50 kV/cm sur $KTa_{0,50}Nb_{0,50}O_3$ / saphir R en fonction du pourcentage de MgO.*

Ces résultats ont été validés aussi sur des circuits résonants à stub. Le dopage de MgO permet de diminuer les pertes diélectriques du film mince KTN et donc du circuit hyperfréquence. Cependant, l'agilité se dégrade. Pour tenter de compenser cette donnée, un deuxième dopage établi à base de titane (Ti) a été testé.

Chapitre II : Propriétés des matériaux ferroélectriques et résultats antérieurs

Composition du KTN		$KTa_{0,50}Nb_{0,50}O_3$	$KTa_{0,47}Nb_{0,50}Ti_{0,03}O_3$
Dopage		Non	3% Ti
Matériau indépendamment (mesures en cavité résonante à 12,5 GHz)	ε_{r_KTN}	290	450
	Tanδ_KTN	0,256	0,236
IDCs (sous un champ de commande maximum d'environ 40 kV/cm)	Capacité (pf) à 0 V	0,16	0,17
	Agilité (%)	6,1	7,8
	Facteur Q à 0 V	17	22
	CQF	19	42
Stubs	Fr à 0V (GHz)	10,0	9,89
	Agilité (%)	2,60	2,53
	Pertes d'insertion (dB)	0,90	0,88
	Adaptation (dB)	21,7	23,0
Déphaseurs	Déphasage à 20 GHz (°)	17,2	23,6
	Pertes d'insertion à 20 GHz (dB)	5,35	4,49
	FoM (°/dB) à 20 GHz	3,21	5,26

Tableau. II.4 : *Résultats de mesures de différents circuits réalisés sur des films de 350 nm d'épaisseur déposés sur saphir R sans et avec dopage Ti.*

Le Tableau. II. 4 résume les performances de différents circuits réalisés sur des couches minces KTN dopés avec 3% de Ti. La détermination des paramètres diélectriques du matériau avec une méthode de caractérisation en cavité à 12,5 GHz, développée par le laboratoire XLIM, montre que lorsque la couche de KTN est dopée, la permittivité diélectrique augmente fortement et une légère diminution des pertes diélectriques est observée. Ces derniers résultats ont été confirmés dans le cas des capacités interdigitées (amélioration de l'agilité, des pertes et du CQF), de circuits résonants (les circuits à base de ferroélectrique dopé présentent une fréquence de résonance plus faible et des pertes légèrement inférieures aux circuits de référence dont la couche est non dopée), et de déphaseurs (le facteur de mérite du déphaseur est plus important dans le cas d'une couche ferroélectrique dopée en Ti que non dopée).

Après analyse de l'action de ces deux dopants de façon séparée, un double dopage (MgO et Ti) sur la couche mince ferroélectrique de KTN a été analysé sur des IDCs. Comme montré précédemment, l'ajout de MgO permet de diminuer les pertes diélectriques mais malheureusement aussi l'agilité. Il a également été constaté que la substitution par le titane augmentait l'agilité sans trop dégrader les pertes diélectriques.

Chapitre II : Propriétés des matériaux ferroélectriques et résultats antérieurs

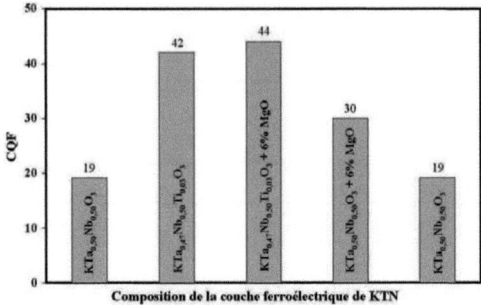

Figure. II.21 : Influence des différents types de dopages (Ti et MgO) sur le CQF des IDCs.

La Figure II.21 résume l'influence des différents types de dopage utilisés. La valeur du CQF pour les compositions étudiées montre bien les bénéfices à utiliser le mélange des deux dopants pour le meilleur compromis agilité/pertes.

b)   Utilisation d'une couche tampon

Toujours dans le but d'améliorer le compromis agilité/pertes, une deuxième solution basée sur l'utilisation d'une couche tampon $KNbO_3$ (14 nm) a été également étudiée. Cette couche permet d'améliorer la qualité structurale du ferroélectrique en diminuant les interactions chimiques entre le film KTN et le substrat [40]. La caractérisation diélectrique du film mince ferroélectrique associé à la couche tampon montre une forte augmentation de la permittivité (Figure II. 22).

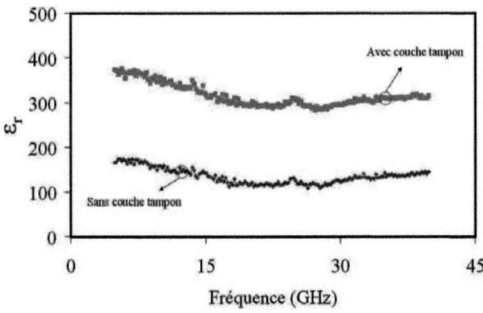

Figure. II.22 : Comparaison des permittivités du film $KTa_{0,65}Nb_{0,35}O_3$ en fonction de la fréquence sans et avec la couche tampon $KNbO_3$ sur saphir R.

Comme pour l'étude sur le dopage, des dispositifs élémentaires de test (IDCs, stubs et déphaseurs) ont été utilisés.

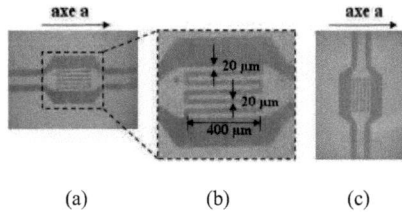

(a) (b) (c)

Figure. II.23 : Photographie de la capacité interdigitée

Des IDCs indépendantes (Figure II.23) ont été placées à 90° l'une par rapport à l'autre sur les hétérostructures afin d'évaluer l'éventuel impact de l'anisotropie du substrat. L'orientation se faisant en fonction de l'axe cristallographique a (système hexagonal) du saphir. Ainsi, la Figure. II.23.a impose un signal hyperfréquence perpendiculaire à l'axe a, tandis que la Figure II.23.c le place parallèlement à cet axe a [39].

	Composition du KTN	Orientation entre $\vec{E}$ et axe a	Capacité (pf) à 0 V	Agilité (%) à 120V	Facteur Q à 0 V*	CQF
x=50	$KTa_{0.50}Nb_{0.50}O_3$	⊥	0.235	17.0	9	20
	$KTa_{0.50}Nb_{0.50}O_3$	//	0.239	17.0	9	19
	$KTa_{0.50}Nb_{0.50}O_3/KNbO_3$	⊥	0.360	26.8	7	20
	$KTa_{0.50}Nb_{0.50}O_3/KNbO_3$	//	0.310	18.8	10	23

Tableau. II.5 : *Résultats de mesure des IDCs réalisées à 2,5 GHz sous un champ de commande maximum d'environ 40 kV/cm sur des films de KTN (x=0,5) de 450 nm d'épaisseur déposés sur saphir sans et avec couche tampon de $KNbO_3$.*

Le Tableau. II.5 présente les différentes mesures des IDCs à base de film KTN (x=0,5) avec et sans couche tampon. Les mesures des IDCs réalisées sur des films KTN (50/50), en présence de la couche tampon, ont mis en évidence l'apparition d'une anisotropie, observée essentiellement sur l'agilité. En effet, sans couche tampon $KNbO_3$, les valeurs d'agilité sont quasi identiques quelle que soit la direction (de l'ordre de 17%). Par contre, avec la couche tampon et en fonction de la direction choisie, les agilités obtenues sont tout à fait différentes : 27% dans un sens (⊥) et 19% dans un autre sens (//) par rapport à l'axe a du saphir.

L'utilisation de cette couche intermédiaire nous permet d'avoir une augmentation de l'agilité dans une direction privilégiée, où le signal hyperfréquence est perpendiculaire à l'axe a du saphir au niveau de la partie active du circuit (fentes faibles), ainsi qu'une diminution des pertes tout en améliorant le CQF. Ces conclusions ont été confirmées par les mesures de stubs et de déphaseurs réalisés à base d'une couche mince de KTN associée à une couche tampon.

Chapitre II : Propriétés des matériaux ferroélectriques et résultats antérieurs

    c)   Autre méthode de dépôt

Afin d'améliorer les performances, une troisième piste consistant à mettre en œuvre une autre technique de dépôt a été testée. La méthode utilisée jusqu'à présent pour déposer nos couches minces est la méthode PLD (Pulsed Laser Deposition). Cette technique offre aujourd'hui des résultats satisfaisants mais nécessite un appareillage lourd avec des surfaces de dépôt le plus souvent limitées (1 cm^2) [41]. Une deuxième technique de dépôt a été élaborée par voie chimique en solution (CSD pour Chemical Solution Deposition) basée sur la méthode des précurseurs polymères. Ces deux techniques ont été comparées en utilisant les mêmes dispositifs élémentaires (IDCs, stubs, déphaseurs). Le Tableau. II.6 présente la comparaison des performances des IDCs réalisées avec les deux techniques. Cette comparaison a montré que la méthode CSD conduit à un film de qualité légèrement supérieure. En effet, les valeurs CQF indiquent une amélioration des performances globales de dispositifs micro-ondes quand le film mince ferroélectrique a été déposé par CSD. Ce dernier est plus homogène que celui obtenu par PLD avec une possibilité de réaliser des dépôts sur des surfaces plus larges (20x20 mm^2).

Composition du KTN	Technique de dépôt	Capacité (pf) à 0 V	Agilité (%) à 120 V	Facteur Q à 0 V*	CQF
$KTa_{0,65}Nb_{0,35}O_3$	CSD	0,156	5,6	36	85
$KTa_{0,65}Nb_{0,35}O_3$	PLD	0,172	5,7	33	80

Tableau. II.6   : *Résultats de mesure à 2,5 GHz des IDCs réalisées sur des films (texturés) de $KTa_{0,65}Nb_{0,35}O_3$ de 350 nm d'épaisseur déposés par CSD et PLD sur saphir R.*
* *cas le plus défavorable*

Chapitre II : Propriétés des matériaux ferroélectriques et résultats antérieurs

Conclusion

Dans ce second chapitre, nous avons pu passer en revue les différentes propriétés caractérisant les matériaux ferroélectriques. En effet, pour la réalisation de dispositifs agiles, le $Ba_xSr_{1-x}TiO_3$ et le $KTa_{1-x}Nb_xO_3$ sont les deux familles de matériaux qui semblent assez prometteuses. Ces matériaux présentent deux structures similaires de type pérovskite avec une température de Curie modifiable en ajustant le taux « x » (Nb pour le KTN ou Ba pour le BST). Sous forme massive, ces deux matériaux ont montré des performances intéressantes. Cependant, dans la littérature, le passage à la forme en couche mince, montre un décalage de la température de Curie et donc de leurs paramètres diélectriques à la température ambiante. Nous avons présenté également les principaux résultats obtenues au laboratoire et les différentes voies explorées afin d'améliorer le matériau KTN.

Dans le chapitre suivant, dans un premier temps, nous poursuivons l'étude de matériaux KTN en en décrivant leur comportement en température pour différentes proportions de Nb. Ce travail a pour objectif de positionner la température de Curie de nos couches minces KTN et voir l'influence de différentes pistes utilisées (dopage, couche tampon) sur la température de Curie. Enfin, nous comparons les performances de deux principaux matériaux KTN et BST en utilisant des dispositifs hyperfréquences réalisés dans des conditions de synthèse et de dépôt identiques dans le but de classer les performances de matériaux KTN par apport à la solution solide BST.

Chapitre II : Propriétés des matériaux ferroélectriques et résultats antérieurs

Bibliographie du chapitre II

[1] F. Jona and G. Shirane, « Ferroelectric Crystals », *ZAMM - J. Appl. Math. Mech.*, vol. 43, n° 10-11, 1963

[2] B. Guigues, « Elaboration de capacités variables ferroélectriques à base de (Ba, Sr)TiO$_3$ pour applications radiofréquences », Thèse de l'école Centrale Paris, 2008

[3] J. Valasek, « Piezo-Electric and Allied Phenomena in Rochelle Salt », *Phys. Rev.*, vol. 17, n° 4, p. 475-481, 1921

[4] M. Deri, « Ferroelectric Ceramics », 1976

[5] H. D. Megaw, « Origin of ferroelectricity in barium titanate and other perovskite-type crystals », *Acta Crystallogr.*, vol. 5, n° 6, p. 739-749, 1952

[6] M. Bousquet, « Croissance, caractérisations et étude des propriétés physiques de films minces du matériau ferroélectrique Na$_{0,5}$Bi$_{0,5}$TiO$_3$ », Thèse de l'Université de Limoges, 2010

[7] C. Kittel, N. Bardou, and E. Kolb, « Physique de l'état solide », 1998

[8] A. Peliz-Barranco and J. D. L. Santos Guerra, « Dielectric Relaxation Phenomenon in Ferroelectric Perovskite-related Structures », *Ferroelectrics*, 2010

[9] J. Petzelt, T. Ostapchuk, I. Gregora, I. Rychetský, S. Hoffmann-Eifert, A. V. Pronin, Y. Yuzyuk, B. P. Gorshunov, S. Kamba, V. Bovtun, J. Pokorný, M. Savinov, V. Porokhonskyy, D. Rafaja, P. Vaněk, A. Almeida, M. R. Chaves, A. A. Volkov, M. Dressel, and R. Waser, « Dielectric, infrared, and Raman response of undoped SrTiO$_3$ ceramics: Evidence of polar grain boundaries », *Phys. Rev. B*, vol. 64, no 18, p. 184111-184122, 2001

[10] C. Huber « Synthèse et caractérisation de nouveaux matériaux ferroélectriques accordables pour applications hyperfréquences » Thèse de l'Université des Sciences et Technologies de Bordeaux I, 2003

[11] I. B. Vendik, O. G. Vendik, and E. L. Kollberg, « Commutation quality factor of two-state switchable devices », *IEEE Trans. Microw. Theory Tech.*, vol. 48, n° 5, p. 802-808, 2000

[12] A. Tombak, « Radio Frequency Applications of Barium Strontium Titanate Thin Film Tunable Capacitors », Thèse de North Carolina State University, 2000

[13] S. W. Kirchoefer, J. M. Pond, A. C. Carter, W. Chang, K. K. Agarwal, J. S. Horwitz, and D. B. Chrisey, « Microwave properties of Sr$_{0,5}$Ba$_{0,5}$TiO$_3$ thin-film interdigitated capacitors », *Microw. Opt. Technol. Lett.*, vol. 18, n° 3, p. 168–171, 1998

[14] É. E. Djoumessi, « Conception de circuits micro-ondes multi-bandes et à fréquences agiles pour la réalisation de systèmes sans fil reconfigurables », Thèse de l' École Polytechnique de Montréal, 2010.

[15] G. Velu, K. Blary, L. Burgnies, J. C. Carru, E. Delos, A. Marteau, and D. Lippens, « A 310 deg/3.6-dB K-band phaseshifter using paraelectric BST thin films », *IEEE Microw. Wirel. Components Lett.*, vol. 16, n° 2, p. 87-89, 2006

[16] E. G. Erker, A. S. Nagra, Y. Liu, P. Periaswamy, T. R. Taylor, J. Speck, and R. A. York, « Monolithic Ka-band phase shifter using voltage tunable BaSrTiO$_3$ parallel plate capacitors », *IEEE Microw. Guid. Wave Lett.*, vol. 10, n° 1, p. 10-12, 2000

[17] Q. Meng, X. Zhang, F. Li, J. Huang, X. Zhu, D. Zheng, B. Cheng, Q. Luo, C. Gu, and Y. He, « An impedance matched phase shifter using BaSrTiO$_3$ thin film », *IEEE Microw. Wirel. Components Lett.*, vol. 16, n° 6, p. 345-347, 2006

[18] L. Y. Zhang, V. Laur, A. Pothier, Q. Simon, P. Laurent, N. Martin, M. Guilloux-Viry, and G. Tanné, « KTN ferroelectrics-based microwave tunable phase shifter », *Microw. Opt. Technol. Lett.*, vol. 52, n° 5, p. 1148-1150, 2010

[19] X. H. Zhu, Q. D. Meng, L. P. Yong, Y. S. He, B. L. Cheng, and D. N. Zheng, « Influence of oxygen pressure on the structural and dielectric properties of laser-ablated $Ba_{0.5}Sr_{0.5}TiO_3$ thin films epitaxially grown on (001) MgO for microwave phase shifters », *J. Phys. Appl. Phys.*, vol. 39, n° 10, p. 2282-2288, 2006

[20] M. Mohamed, R. Costes, F. Houndonougbo, D. Passerieux, A. Crunteanu, V. Madrangeas, D. Cros, M. Pate, and J.-P. Ganne, « Microwave Phase Shifter Based On Ferroelectric Tunable Interdigitated Capacitors », *European Meeting on Ferroelectricity*, 2011

[21] G. L. Matthaei and L. Young, « Microwave filters, impedance-matching networks, and coupling structures », 1980

[22] R. J. Cameron, R. R. Mansour, and C. M. Kudsia, « Theory and design of modern microwave filters and systems applications », 2007

[23] J. Nath, W. Fathelbab, P. D. Franzon, A. I. Kingon, D. Ghosh, J.-P. Maria, and M. B. Steer, « A tunable combline bandpass filter using barium strontium titanate interdigital varactors on an alumina substrate », *Microwave Symposium Digest, IEEE MTT-S International*, p.595-595, 2005

[24] X. Huang, Q. Feng, and Q. Xiang, « Bandpass Filter With Tunable Bandwidth Using Quadruple-Mode Stub-Loaded Resonator », *IEEE Microw. Wirel. Components Lett.*, vol. 22, n° 4, p. 176-178, 2012

[25] Y. Zhao, T. Liu, Y. Ye, L. Cen, H. Zhang, and X. Liu, « Center Frequency and Bandwidth Tunable Filter with Varactors », 7th International Conference on Wireless Communications, Networking and Mobile Computing (WiCOM), p. 1-4, 2011

[26] V. Haridasan, P. G. Lam, Z. Feng, W. M. Fathelbab, J.-P. Maria, A. I. Kingon, and M. B. Steer, « Tunable ferroelectric microwave bandpass filters optimised for system-level integration », *IET Microwaves Antennas Propag.*, vol. 5, n° 10, p. 1234-1241, 2011

[27] V. K. Palukuru, M. Komulainen, T. Tick, J. Perantie, and H. Jantunen, « Low-Sintering-Temperature Ferroelectric-Thick Films: RF Properties and an Application in a Frequency-Tunable Folded Slot Antenna », *IEEE Antennas Wirel. Propag. Lett.*, vol. 7, p. 461-464, 2008

[28] G.A. Smolenskii & V.A. Isupov, « Segnetoelektricheskie Svoistva Tverdykh Rastvorov Stannata Bariya V Titanate Bariya », *Zhurnal Tekhnicheskoi Fiziki*, 24, 1375, 1954.

[29] T. M. Shaw, Z. Suo, M. Huang, E. Liniger, R. B. Laibowitz, and J. D. Baniecki, « The effect of stress on the dielectric properties of barium strontium titanate thin films », *Appl. Phys. Lett.*, vol. 75, n° 14, p. 2129-2131, 1999

[30] D. Rytz, A. Châtelain, and U. Höchli, « Elastic properties in quantum ferroelectric $KTa_{1-x}Nb_xO_3$ », *Phys. Rev. B*, vol. 27, n° 11, p. 6830-6840, 1983

[31] S. Triebwasser, « Study of Ferroelectric Transitions of Solid-Solution Single Crystals of $KNbO_3$-$KTaO_3$ », *Phys. Rev.*, vol. 114, n° 1, p. 63-70, 1959

[32] S. E. Moon, E.-K. Kim, M.-H. Kwak, H.-C. Ryu, Y.-T. Kim, K.-Y. Kang, S.-J. Lee, and W.-J. Kim, « Orientation dependent microwave dielectric properties of ferroelectric $Ba_{1-x}Sr_xTiO_3$ thin films », *Appl. Phys. Lett.*, vol. 83, n° 11, p. 2166-2168, 2003

[33] A. K. Tagantsev, V. O. Sherman, K. F. Astafiev, J. Venkatesh, and N. Setter, « Ferroelectric Materials for Microwave Tunable Applications », *J. Electroceramics*, vol. 11, n° 1-2, p. 5-66, 2003

[34] R. Eason, « Pulsed Laser Deposition of Thin Films: Applications-Led Growth of Functional Materials », 2007

[35] M. Pandey, K. Tyagi, P. Mishra, D. Saha, K. Sengupta, and S. S. Islam, « Nanoporous morphology of alumina films prepared by sol–gel dip coating method on alumina substrate », *J. Sol-Gel Sci. Technol.*, vol. 64, n° 2, p. 282‑288, 2012

[36] V. Laur, « Contribution à la réalisation de circuits hyperfréquences reconfigurables à partir de couches minces ferroélectriques : des matériaux aux dispositifs », Thèse de l'Université de Bretagne Occidentale, 2007

[37] L. Y. Zhang, Dispositifs agiles à base de couches minces ferroélectriques de KTa1-xNbxO3 pour les applications hyperfréquences multistandards : contribution à la diminution des pertes diélectriques. Thèse de l'Université de Bretagne Occidentale, 2010

[38] Q. Simon, V. Bouquet, W. Peng, J.-M. Le Floch, F. Houdonougbo, S. Députier, S. Weber, A. Dauscher, V. Madrangeas, D. Cros, and M. Guilloux-Viry, « Reduction of microwave dielectric losses in $KTa_{1-x}Nb_xO_3$ thin films by MgO-doping », Thin Solid Films, vol. 517, no 20, p. 5940-5942, 2009

[39] L. Zhang, Q. Simon, P. Laurent, N. Martin, V. Bouquet, S. Députier, M. Guilloux-Viry, and G. Tanné, « Performance improvements of KTN ferroelectric thin films for microwave tunable devices », Microwave Conference (EuMC), p. 1202‑1205, 2010

[40] M. G.-V. W. Peng, « Structural improvement of PLD grown $KTa_{0.65}Nb_{0.35}O_3$ films by the use of $KNbO_3$ seed layers », *Appl. Surf. Sci.*, vol. 254, n° 4, p. 1298‑1302, 2009

[41] V. Laur, A. Rousseau, G. Tanne, P. Laurent, F. Huret, M. Guilloux-Viry, and B. Della, « Tunable microwave components based on $KTa_xNb_{1-x}O_3$ ferroelectric material », Microwave Conference, vol. 1, p. 4-7, 2005

MESURES EN TEMPERATURE ET COMPARAISON KTN/ BST

III

Chapitre III. : **Mesures en température et comparaison KTN/BST**

Introduction

Comme indiqué dans le chapitre précédent, le matériau $KTa_{1-x}Nb_xO_3$ a été largement étudié au sein du laboratoire pour réaliser des fonctions accordables. Son utilisation nécessite, dans la mesure du possible, des propriétés diélectriques stables en fréquence ainsi qu'en température. Des études fondamentales (physique et électrique) sont essentielles afin de maitriser les propriétés des matériaux permettant leur intégration dans des conditions optimales au sein des dispositifs accordables. Ainsi, dans ce chapitre, nous poursuivons dans une première partie l'étude de ce matériau en effectuant des mesures en température dans le but d'essayer d'identifier la température de changement de phase et l'état du matériau pour nos couches minces KTN. En effet, il faut noter que, comme dans le cas de BST, l'évolution des propriétés diélectriques en fonction de la température pour un matériau massif montre un pic clair et très marqué correspondant à la Tc. Par conséquent, l'identification de l'état du matériau est plus aisée. Cependant, cette évolution est très aplatie pour un matériau en couche mince, ce qui rend plus difficile la détermination de la température de Curie (Figure II.18). Ces mesures sont établies pour les échantillons avec des proportions de Nb différentes et dans une gamme de température allant de la température ambiante à 150 °C afin de tenter de positionner la température de Curie et d'essayer d'en déduire l'état de nos couches minces KTN à la température ambiante. Nous nous focalisons ensuite sur l'influence de différentes pistes améliorant les performances du matériau (dopage, couche tampon) sur la température de Curie.

Dans la deuxième partie, nous exposons une étude comparative des performances de deux principaux matériaux ferroélectriques étudiés au sein de la littérature, KTN et BST. Cette comparaison se fait en utilisant des dispositifs hyperfréquences similaires réalisés dans des conditions de synthèse et de dépôt identiques dans le but de construire un vrai point de référence pour situer les performances de chacune de ces deux familles de matériaux.

Les mesures en température ont été réalisées avec l'aide de Vincent LAUR (Lab-STICC) et les résultats ont été analysés avec la participation de l'équipe Chimie du Solide et Matériaux (CSM) de l'Unité Sciences Chimiques (USC – UMR CNRS 6226) de l'Université de Rennes 1.

III.1. Mesures en température de matériaux KTa$_{1-x}$Nb$_x$O$_3$

Dans cette section, nous donnons tout d'abord un descriptif succinct du banc de mesure en température et présentons une étude de la reproductibilité des mesures. Ensuite, nous discutons des mesures réalisées sur des échantillons avec des proportions de nobium (Nb) différentes afin de positionner la température de Curie de nos couches minces KTN. Enfin, nous nous intéressons à l'influence de dopages de 3 % MgO et de 3 % Ti + 6 % MgO sur la température de Curie.

III.1.1. Banc de mesures et dispositif à mesurer

Le banc de mesure, dont une illustration est donnée à la Figure III.1, permet de mesurer les valeurs des capacités (MIM, interdigitée) en fonction de la température des matériaux KTN. Il est composé d'un système aixACCT TF Analyseur 2000 (de l'entreprise aixACCT Systems GmbH) couplé avec un hystérisimètre FE module (FErroelectric standard testing), un contrôleur de température (aixACCT), un amplificateur (TReK Model 610 E) et des pointes commandées par deux positionneurs de type PH100.

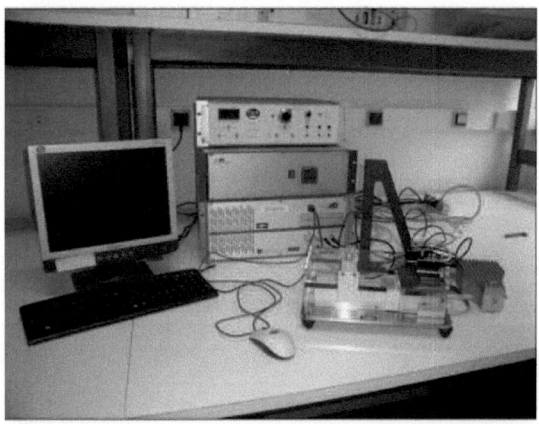

Figure. III.1 : Photographie du banc de mesure de la capacité en fonction de la température

Dans cette étude, les échantillons mesurés sont des capacités interdigitées à base de couches minces ferroélectriques KTN d'épaisseur avoisinant les 350 nm, déposées par PLD (voir annexe 1) avec des gaps de 20 µm (limitation technologique de la sérigraphie au Lab-STICC) et des longueurs de doigts de 400 µm, présentées à la Figure III.2.a. Ces dispositifs sont placés sur une plaque chauffante qui permet de faire varier la température entre 25°C et 150°C. La connexion entre l'analyseur et l'échantillon mesuré est assurée par les deux pointes posées sur chaque électrode de la capacité (Figure III.2.b). Ces mesures sont réalisées en basses fréquences (100 Hz). L'état du matériau n'étant

Chapitre III : Mesures en température et comparaison KTN/BST

en aucun cas lié à la fréquence de travail, même si cette dernière est très basse en comparaison avec les fréquences de travail des dispositifs (quelques GHz), les résultats donneront bien une information sur l'état du matériau, celui-ci étant directement lié à la température de travail. A chaque température, les échantillons sont mesurés pour deux valeurs de la tension 0 V et 150 V. Pour rappel, cette tension est la tension de polarisation qui permet de mettre en œuvre l'agilité au sein du matériau et par conséquent du dispositif.

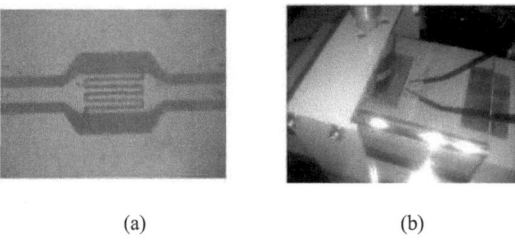

(a)　　　　　　　　(b)

Figure. III.2 : Photographies d'une capacité interdigitée (a) et des pointes (b) utilisées pour les mesures en température

III.1.2. Vérification de la reproductibilité

Afin de s'assurer de la validité de nos résultats de mesures, nous avons commencé nos expérimentations par la vérification de la reproductibilité lors d'une série de cycles successifs. Ainsi, six mesures successives d'une capacité interdigitée à base de KTN 50/50 ont été réalisées tout en gardant une position fixe de l'échantillon et par conséquent les pointes (Figure III.3). Très peu de différence entre les six mesures a été observé avec une erreur sur la mesure estimée à 5 %.

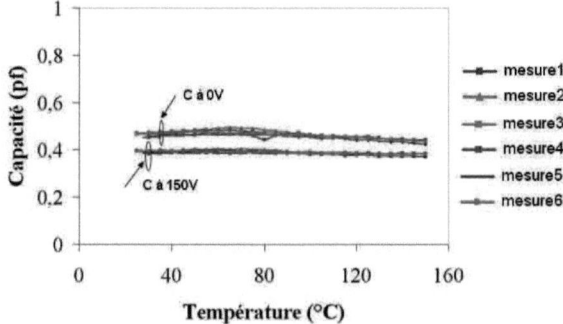

Figure. III.3 : Variation de la capacité interdigitée à base de KTN 50/50 en fonction de la température à 0 V et à 150 V pour six mesures successives.

Nous observons un maximum d'agilité entre les valeurs de capacités à 0 V et 150 V à une température comprise entre 60°C et 80°C correspondant fort probablement à la température de Curie

Chapitre III : Mesures en température et comparaison KTN/BST

de la couche mince KTN 50/50. Par ailleurs, de part et d'autre de cette gamme de température, l'agilité décroit, ce qui corrobore la conclusion précédente.

III.1.3. Echantillons avec des proportions de niobium (Nb) différentes

Comme décrit dans le chapitre précédent, pour le matériau ferroélectrique $KTa_{1-x}Nb_xO_3$ en massif, il est possible d'ajuster la température de Curie par le choix de la concentration en niobium (x). Dans cette section, on essaie de vérifier le comportement de ce matériau, sous la forme de couche mince, en fonction de la température. Des capacités interdigitées à base de $KTa_{1-x}Nb_xO_3$ avec $x = 0,35$, $x = 0,4$, $x = 0,5$ et $x = 0,7$ ont été mesurées. Notre intention est donc d'étudier les variations de la température de Curie Tc et d'en déduire l'état du matériau à température ambiante pour chaque proportion de nobium (Nb).

- Pour $x = 0,35$ et $x = 0,4$

La Figure III. 4 illustre les mesures de variation de la valeur de la capacité en fonction de la température pour ces deux composés.

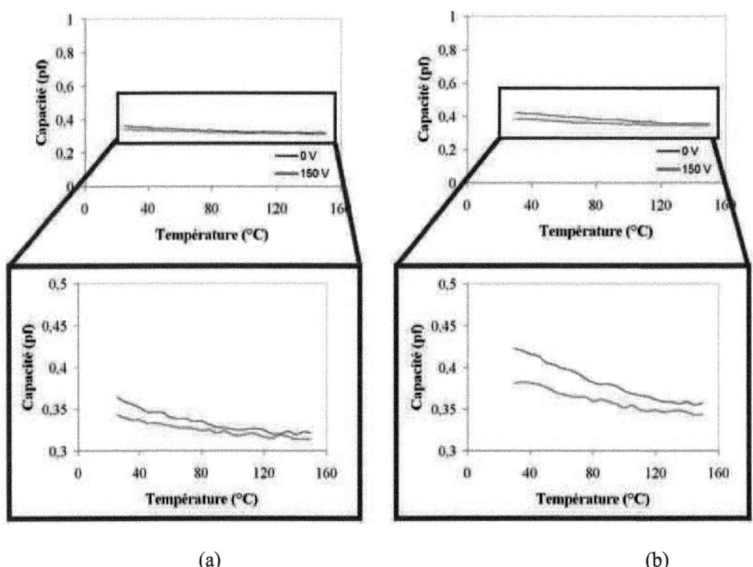

(a)   (b)

Figure. III.4 : Variation de la capacité en fonction de la température à 0 V et à 150 V pour les couches minces ferroélectriques $KTa_{1-x}Nb_xO_3$ avec $x = 0,35(a)$ et $x = 0,4$ (b)

L'agilité du matériau KTN avec $x = 0,35$ sous le même champ électrique de 75 kV / cm (une fente de 20 µm pour une tension maximale appliquée de 150 V), est moins élevée que celle du matériau avec $x = 0,4$ (5,50 % pour $x = 0,35$ et 7,15 % pour $x = 0,4$ à la température ambiante). Ceci peut s'expliquer par une plus faible température de Curie du matériau KTN (65/35) et semble être

Chapitre III : Mesures en température et comparaison KTN/BST

confirmée par une pente plus forte pour $x = 0,4$ indiquant que Tc est plus proche. En effet, étant donné que notre banc de mesure ne peut pas descendre sous la température ambiante, nous pouvons simplement dire que les deux températures de Curie sont toutes deux, a priori, inférieures à la température ambiante avec Tc ($x = 0,35$) < Tc ($x = 0,4$) (agilité et pentes plus fortes pour $x = 0,4$) d'une part et que les deux matériaux sont dans un état paraélectrique à la température ambiante (pente négative pour les deux matériaux) d'autre part.

Afin de confirmer l'état de ces deux composés, des cycles C=f(V) (Figure III.5), correspondant aux variations de la capacité des IDCs en fonction de la tension, ont été établis à 25°C et 150°C. Ils sont un des éléments qui permettent de juger la nature de la phase dans laquelle le matériau ferroélectrique se situe. Ces cycles sont relativement fermés, ce qui est plutôt caractéristique d'un état paraélectrique (l'état ferroélectrique conduisant à une forme dite en aile de papillon, c'est-à-dire un cycle très ouvert).

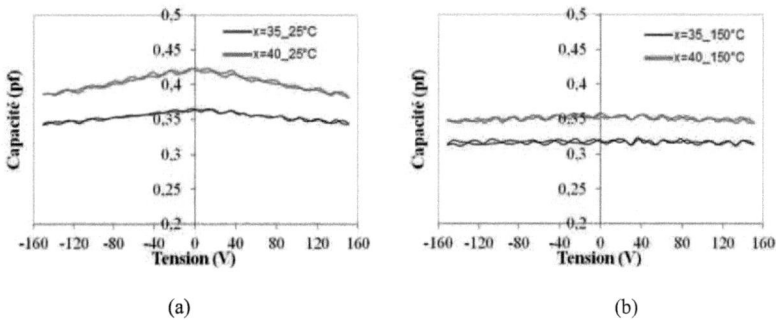

(a)   (b)

Figure. III.5 : Mesures de la variation de capacité à base de couches minces ferroélectriques de $KTa_{1-x}Nb_xO_3$ avec $x = 0,35$ et $x = 0,4$ en fonction de la tension de polarisation à 25°C (a) et 150°C (b)

Ces résultats sont dans les mêmes gammes que les données de la littérature. En effet, pour les couches minces de composition KTN (65/35), les températures de Curie ont pu être mesurées conduisant à des valeurs de -38°C [1] et -46°C [2]. Ces valeurs sont inférieures à celles annoncées pour les matériaux en massif ($x = 0,35$: $Tc_{massif} = -4°C$ [3]). Pour la composition (40/60), la température de Curie en couche mince est donnée autour de la température ambiante [4], valeur cette fois supérieure à celle obtenue pour matériaux massifs $Tc_{massif} = -25°C$ [5].

- Pour $x = 0,5$

Deux échantillons à base de couches minces ferroélectriques KTN (50/50) ont été mesurés et présentés sur la Figure III.6. La transition de phase est diffuse sur une plage de température allant de 50°C à 80°C. Le zoom sur cette zone montre un maximum de la valeur de capacité à environ 60°C pour le premier échantillon et à 75°C pour le deuxième échantillon, correspondant à la température de Curie. A la température ambiante, le matériau se trouve donc dans un état ferroélectrique. A cette température, les agilités mesurées sont de 15 % et 13,2 % respectivement pour le premier et le deuxième échantillon.

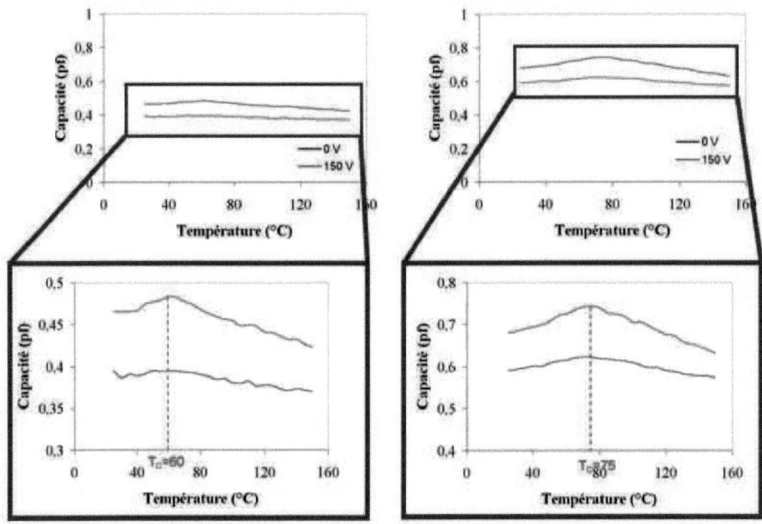

Figure. III.6 : Variation de la capacité en fonction de la température à 0 V et à 150 V pour le matériau ferroélectrique $KTa_{1-x}Nb_xO_3$ avec x = 0,5

Cette transition de phase a aussi été observée via la mesure des cycles C=f(V) pour le second échantillon. En effet, on observe des cycles en forme d'ailes de papillon typiques de la phase ferroélectrique pour les températures 25°C et 75°C avec une meilleure agilité mesurée à 75°C (Figure III.7). Cela confirme l'aspect diffus de la transition de la phase allant de 50°C à 80°C. A 150°C, le cycle tend à se refermer. A cette température, si on s'intéresse aux valeurs des capacités et à ses variations, cela indique d'une part la baisse de la valeur de la capacité mais aussi de sa variation, toujours en accord avec une phase paraélectrique.

Ce comportement n'est pas tout à fait en accord avec d'autres résultats de la littérature qui indiquent une température de Curie plus basse (24°C) [2] que celle mesurée dans notre étude. Cependant, une étude effectuée par A. LE FEBVRIER sur des couches minces KTN (50/50) déposées en configuration MIM montre une transition de la phase très diffuse avec deux maximums à 2°C et à 97°C [1]. Pour cette composition, il est donc difficile de donner une plage pour la température de Curie en couche mince. En massif, ce composé possède une température supérieure (97°C) [3], ce qui positionnerait la Tc en couche mince tout de même en-dessous de celle-ci.

Chapitre III : Mesures en température et comparaison KTN/BST

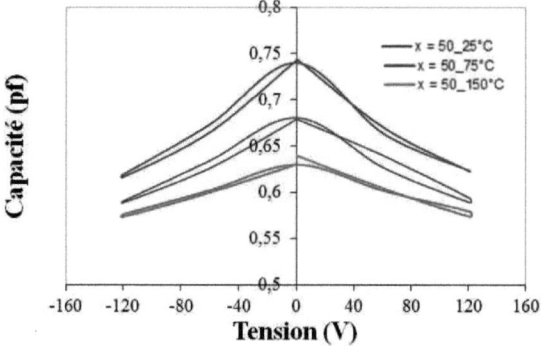

Figure. III.7 : Mesures de la variation de capacité à base de couches minces ferroélectriques de $KTa_{1-x}Nb_xO_3$ avec x = 0,5 en fonction de la tension de polarisation à 25°C, 75°C et 150°C

- Pour x = 0,7

Les mesures de capacité en fonction de la température sont présentées à la Figure III.8. On observe une agilité quasi-constante sur toute la gamme de température avec augmentation de valeurs de capacité aux alentours de 30°C. Ce maximum peut être expliqué par la présence d'une transition de phase orthorhombic – tétragonal. Ces comportements ont aussi été observés pour d'autres matériaux [3] [6].

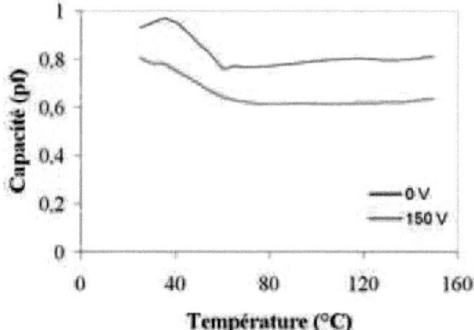

Figure. III.8 : Variation de la capacité en fonction de la température à 0 V et à 150 V pour le matériau ferroélectrique $KTa_{1-x}Nb_xO_3$ avec x = 0,7

Afin de confirmer l'état de matériau, des mesures de cycle d'hystérésis P = f(V) à la température ambiante et à 150°C ont été réalisées (Figure III.9). Ces cycles sont ouverts, ce qui semble confirmer un état ferroélectrique du matériau sur cette plage de température. La fermeture du cycle en augmentant la température indique que l'on va vers un changement d'état en tendant vers l'état paraélectrique où le cycle serait en théorie fermé. La température de Curie semble donc être supérieure à 150°C.

Chapitre III : Mesures en température et comparaison KTN/BST

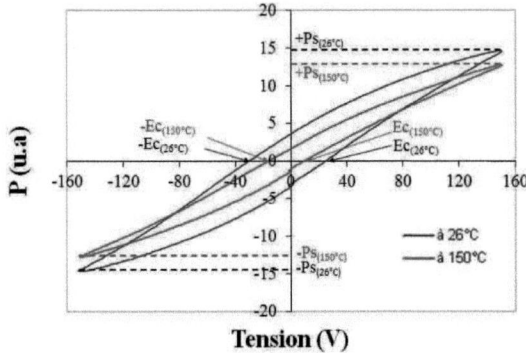

*Figure. III.9 : Cycles d'hystérésis du matériau ferroélectrique $KTa_{1-x}Nb_xO_3$
avec x = 0,7 mesurés à 26 C et 150°C*

III.1.4. Echantillons avec et sans dopage

- Dopage 3% MgO

Les mesures en hyperfréquences de dispositifs à base de couches minces KTN dopé MgO, effectuées dans nos travaux antérieurs, ont montré une forte réduction de pertes diélectriques, mais aussi une diminution de l'agilité. Cette dernière observation est bien confirmée avec les mesures en température (Figure III.10). En effet, l'agilité de la capacité à base de KTN (50/50) dopé est fortement réduite sur la gamme de température [25°C - 150°C] et le signe de la pente indique que la Tc se décale vers les basses températures (inférieure à la température ambiante). Donc, avec le dopage de MgO, le matériau se trouve dans un état paraélectrique à la température ambiante. Ce décalage en température explique la diminution des pertes diélectriques et de l'agilité avec le dopage puisqu'elles se dégradent quand la Tc s'éloigne de la température ambiante.

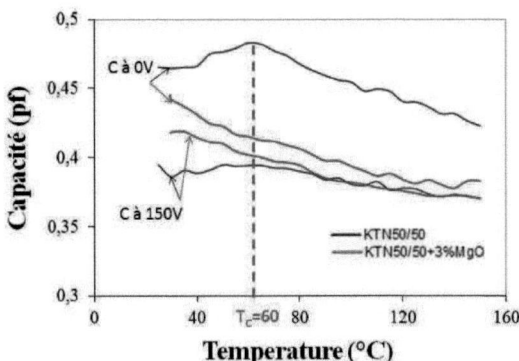

Figure. III.10 : Variation de la capacité en fonction de la température à 0 V et à 150 V pour le matériau ferroélectrique KTN (50 / 50) non dopé et dopé (3% MgO)

Chapitre III : Mesures en température et comparaison KTN/BST

Ce comportement est semblable à celui reporté dans la littérature [1], à savoir une diminution de Tc observée sur les mesures de couches minces KTN (50/50) et KTN (65/35) en configuration MIM avec le dopage de 3% de MgO. Les deux maximums observés sur KTN (50/50) passent de 2°C et 97°C pour KTN (50/50) à -23°C et 67°C pour KTN (50/50) dopé MgO. Pour la couche mince KTN (65/35), les Tc sont de -38°C et -68°C pour les couches non dopées et dopées respectivement. Cette diminution de Tc pour un dopage de MgO est également observée pour d'autres matériaux. Une étude du BST (en massif) dopé par Mg a montré un décalage de Tc vers les basses températures [7].

- Double dopage (3 % Ti + 6 % MgO)

Les mesures en température de capacités interdigitées sans et avec double dopage 3 % Ti + 6 % MgO sont présentées à la Figure III.11.

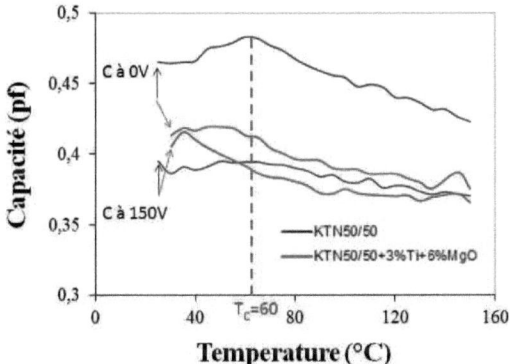

Figure. III.11   : Variation de la capacité en fonction de température à 0 V et à 150 V pour le matériau ferroélectrique KTN (50 / 50) non dopé et dopé (3 % Ti + 6 % MgO)

Comme dans le cas de dopage MgO, une forte diminution d'agilité est observée sur toute la gamme de température. La pente indique que la Tc se décale vers les basses températures et induit une agilité très faible à la température ambiante. Aussi on peut remarquer que, avec ce dopage (3 % Ti + 6 % MgO), la Tc est supérieure à celle avec dopage 3% MgO seulement.

III.1.5. Echantillons avec et sans couche tampon

L'influence de la couche tampon $KNbO_3$ (14 nm d'épaisseur) sur la température de Curie a été également étudiée. Les mesures de capacités interdigitées à base de couche mince KTN (50/50) avec et sans couche tampon sont illustrées Figure III. 12. Lors des mesures hyperfréquences, une anisotropie (en fonction de l'axe de croissance selon la direction cristallographique) a été observée en présence de la couche tampon et une meilleure agilité a été obtenue avec un signal hyperfréquence perpendiculaire à l'axe cristallographique (système hexagonal) du saphir [8]. On a choisi de mesurer la capacité suivant ce sens. On observe que les valeurs de capacité, pour le dispositif avec la couche

Chapitre III : Mesures en température et comparaison KTN/BST

tampon, sont plus importantes à la température ambiante. Cela est dû à la forte augmentation de la permittivité lors de l'utilisation d'une couche tampon présentée paragraphe II.3.2.b. La pente indique que l'agilité de la couche mince avec la couche tampon augmente d'une manière considérable. On en déduit que la Tc, qui avant ajout de la couche tampon se situait aux alentours des 70°C (§ III.1.3), se décale vers les températures basses.

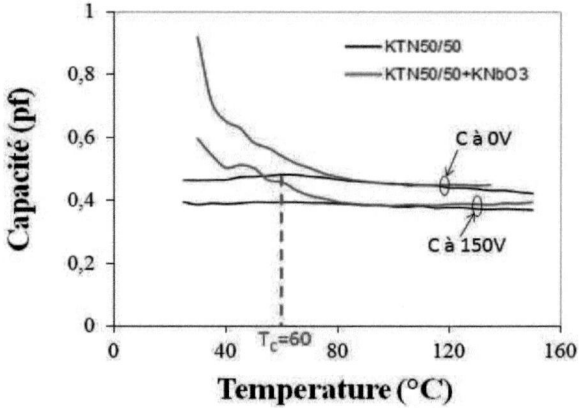

Figure. III.12 : Variation de la capacité en fonction de la température à 0 V et à 150 V pour le matériau ferroélectrique KTN (50 / 50) avec et sans couche tampon KNbO$_3$

Des cycles C=f(V) ont été mesurés afin d'évaluer l'influence de la couche tampon KNbO$_3$ sur la couche mince KTN (50/50) (Figure III.13). Les cycles C=f (V) obtenus ne permettent pas de confirmer cette hypothèse.

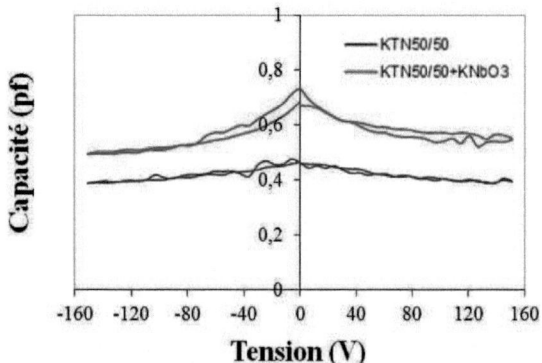

Figure. III.13 : Mesures de la capacité en fonction de la tension à la température ambiante pour le matériau ferroélectrique KTN (50 / 50) avec et sans couche tampon KNbO$_3$

Chapitre III : Mesures en température et comparaison KTN/BST

III.1.6. Bilan de l'étude

Pour conclure, le Tableau III.1 répertorie les températures de Curie et l'état des matériaux observé sur les différentes mesures effectuées en température. On observe une augmentation de la température de Curie avec l'augmentation des proportions de niobium. Pour x = 0,35 et x = 0,4, la couche mince de KTN est dans l'état paraélectrique à température ambiante. Ces températures de Curie ne sont pas très éloignées de la température ambiante avec Tc (x = 0,35) < Tc (x = 0,4). C'est pour cela que les capacités à base de ces composés conservent des agilités significatives (5,5 % pour x = 0,35 et 7,15 % pour x = 0,4). Dans le cas de x = 0,5, le KTN est dans l'état ferroélectrique à température ambiante puisque sa température de Curie semble comprise entre 60 et 75°C, cette dernière étant inférieure à celle obtenue en massif (97°C) [3]. Comme Tc est proche de la température ambiante, l'agilité de ce matériau est importante (15 %). Quant à la proportion x = 0,7, la couche mince KTN est dans l'état ferroélectrique à température ambiante avec la présence d'une transition de phase orthorhombic – tétragonal à 30°C. La température de Curie est estimée supérieure à 150°C. On remarque aussi un décalage de température de Curie plus important en massif qu'en couche mince pour les mêmes proportions de niobium. En effet, la Tc pour une couche massive passe de 97°C (x = 0,5) à -25°C (x = 0,4) soit un décalage de 122°C plus important que celui en couche mince (un décalage autour de 45°C de 60-75°C pour x = 0,5 à température ambiante pour x = 0,4). L'influence de différents dopages et de la couche tampon a été également étudiée. Comparée à la couche mince non dopée, la Tc de celle dopée 3 % MgO et 3 % Ti + 6 % MgO est décalée vers les basse températures et, suivant la pente de la courbe, s'éloigne de l'ambiante. Ceci explique la forte diminution de l'agilité de matériau dopé. Par contre, la température de Curie du matériau KTN avec la couche tampon n'est pas très éloignée de l'ambiante qui se traduit par une augmentation de l'agilité avec un état paraélectrique à la température ambiante.

Couche mince $KTa_{1-x}Nb_xO_3$	Agilité à l'ambiante	Etat de matériau à l'ambiante	Tc	Tc massif
x = 0,35	5,50 %	paraélectrique	< à l'ambiante	-4°C [3]
x = 0,4	7,15 %	paraélectrique	< à l'ambiante	-25°C [5]
x = 0,5	15 %	ferroélectrique	~ 60 - 75°C	97°C [3]
x = 0,7	12,4 %	ferroélectrique	>150°C	-
x = 0,5 +3% MgO	5,64 %	paraélectrique	< à l'ambiante	-
x = 0,5+3 % Ti + 6 % MgO	0,62 %	paraélectrique	< à l'ambiante	-
x = 0,5+ KNbO₃	18,1 %	paraélectrique	~ à l'ambiante	-

Tableau. III. 1 : Récapitulatif des propriétés de $KTa_{1-x}Nb_xO_3$ mesurées : agilité, état de matériau à la température ambiante, Tc, et Tc du matériau massif

Chapitre III : Mesures en température et comparaison KTN/BST

Cette étude est très importante pour comprendre quels mécanismes sont à l'origine des propriétés diélectriques des couches minces ferroélectriques KTN. Mais elle est cependant incomplète, car il reste à étudier le comportement des pertes diélectriques en fonction de la température impossible à mesurer via ce banc de mesures.

III.2. Comparaison des performances de dispositifs à base de KTN et BST déposés en couches minces

L'objectif de ces travaux est de comparer les performances obtenues par des dispositifs à base de matériau KTN ($KTa_{1-x}Nb_xO_3$) à celles obtenues par des dispositifs à base de matériau BST ($Ba_xSr_{1-x}TiO_3$) qui constituent, actuellement, l'état de l'art des matériaux ferroélectriques accordables en hyperfréquence. Cette comparaison ne peut se faire de façon simple au travers des résultats publiés dans la littérature puisque les conditions de dépôt et d'utilisation sont très généralement différentes. Nous avons ainsi réalisé des dispositifs hyperfréquences identiques avec ces deux types de matériaux ferroélectriques déposés en couche mince dans les mêmes conditions et sur le même type de substrat de saphir R. Pour cette étude, les dépôts de KTN et BST ont été faits à une température de 700°C qui est notre température optimale de dépôt de KTN ; la température de dépôt optimale de BST étant supérieure d'environ 100°C à celle de KTN. Il est ainsi envisageable de comparer les performances de dispositifs identiques (éléments de test et fonctions élémentaires électroniques tels que capacités interdigitées, lignes de transmission, stubs résonants, déphaseurs…).

III.2.1. Choix des compositions

Les compositions retenues sont : $KTa_{0,50}Nb_{0,50}O_3$ pour KTN qui présente une forte agilité [9] et $Ba_{0,60}Sr_{0,40}TiO_3$ pour BST qui est la composition de référence de la littérature [10]. Il est toutefois important de noter que, pour cette étude comparative, nous avons privilégié la réalisation des échantillons dans des conditions identiques, tout en sachant qu'une optimisation indépendante peut s'avérer nécessaire pour l'utilisation de l'un ou l'autre des matériaux.

III.2.2. Conditions d'élaboration

Dans le cadre de cette étude, les couches minces, d'une épaisseur voisine de 350 nm, ont été déposées par A. LE FEBVRIER (Unité Sciences Chimiques de l'Université de Rennes 1). La technique de dépôt utilisée est la PLD en utilisant un laser excimère KrF ($\lambda = 248$ nm) paramétré avec une fluence de 2 J/cm² et une fréquence de 2 Hz. La température et la pression en oxygène ont été fixées à 700°C et 0,3 mbar. La distance cible-substrat a été ajustée afin que le substrat se situe au niveau de la pointe de la « plume » lors du dépôt d'où une distance de 50 mm pour BST et 55 mm pour KTN. Le film ferroélectrique est ainsi déposé sur une des faces du substrat. Un procédé classique de sérigravure (sérigraphie + photolithographie suivi d'un recuit à 700°C) est ensuite utilisé pour réaliser les circuits en technologie coplanaire (voir annexe 2). La Figure III.14 illustre le profil en coupe des deux hétérostructures utilisées.

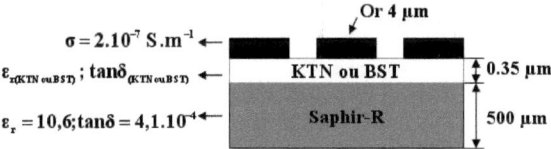

Figure. III.14 : Schéma de l'hétérostructure mise en œuvre

III.2.3. Principe de mesure

Les différents circuits réalisés ont été mesurés à l'aide d'une station sous pointes associée à un analyseur de réseau (Figure III.15). La polarisation maximale appliquée correspond à un champ électrique de 60 kV/cm pour une fente de 20 µm (soit une tension maximale appliquée de 120 V). Une calibration de type LRM (Line-Reflect-Match) a été au préalable effectuée afin de s'affranchir des erreurs dues à l'analyseur, aux tés de polarisation, aux câbles ainsi qu'aux pointes de mesures.

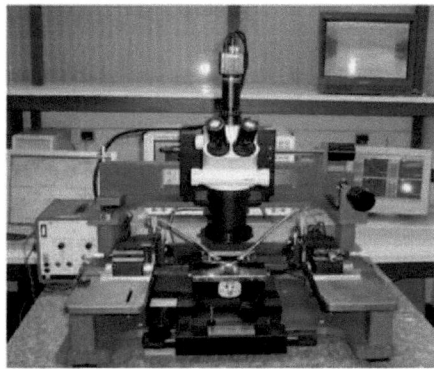

Figure. III.15 : Dispositif de mesure - station de mesure sous pointes, source DC et analyseur de réseaux vectoriel

III.2.4. Mesure de capacités interdigitées accordables

Cet élément constitue l'un des dispositifs de référence que nous utilisons régulièrement afin d'évaluer les performances de nos dispositifs et les avancées en termes de qualité des matériaux ferroélectriques mis en œuvre [8]. Pour les deux ferroélectriques, le Tableau III.2 synthétise les principaux résultats. On peut y observer des valeurs de capacité du même ordre de grandeur pour KTN et BST avec, tout de même, une meilleure agilité et un meilleur CQF pour BST.

Chapitre III : Mesures en température et comparaison KTN/BST

Composition des films	Capacité à 0 V (pF)	Capacité à 120 V (pF)	Agilité (%)	Commutation Quality Factor CQF	Facteur de qualité Q à 2,5 GHz (0 V)	Facteur de qualité Q à 2,5 GHz (120 V)
$Ba_{0,60}Sr_{0,40}TiO_3$	0,32	0,23	27,6	28	4,16	6,37
$KTa_{0,50}Nb_{0,50}O_3$	0,27	0,21	21,1	24,2	5,0	7,0

Tableau. III. 2 : Résultats de mesures des T-IDCs réalisées à 2,5 GHz sous des champs de commande maximals d'environ 60 kV/cm sur des films de $KTa_{0,50}Nb_{0,50}O_3$ et de $Ba_{0,60}Sr_{0,40}TiO_3$.

Le cycle C=f(V) (Figure III. 16), correspondant aux variations de la capacité des IDCs en fonction de la tension, est issu de mesures établies à température ambiante et pour une fréquence de 2,5 GHz. Pour nos deux couches minces ($Ba_{0,60}Sr_{0,40}TiO_3$ et $KTa_{0,50}Nb_{0,50}O_3$), ces cycles peuvent être considérés comme relativement fermés (au bruit de mesure près qui fait apparaitre de très faibles fluctuations), ce qui est plutôt caractéristique d'un état paraélectrique. Il est important de rappeler que, pour des applications agiles en fréquence, il est préférable que le matériau soit dans la phase paraélectrique afin de ne pas être soumis aux effets mémoire.

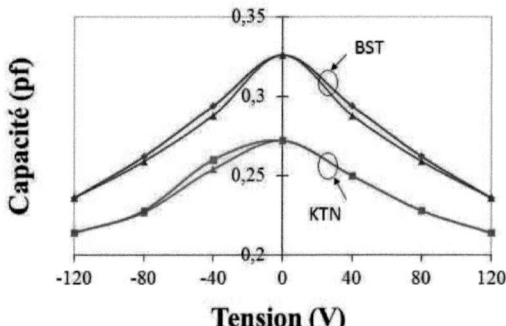

Figure. III.16 : Mesures à 2,5 GHz de la variation de capacité à base de couches minces ferroélectriques de $Ba_{0,60}Sr_{0,40}TiO_3$ et de $KTa_{0,50}Nb_{0,50}O_3$ en fonction de la tension de polarisation

Les mesures de cette capacité à base de couche mince KTN (50/50) ne sont pas tout à fait en accord avec les résultats de mesure obtenues avec ceux présentés dans la première partie et qui indiquent une phase ferroélectrique à la température ambiante.

Pour vérifier ces résultats, nous avons établi des mesures en température afin d'essayer de situer la température de Curie de chacun des ferroélectriques (Figure III.17).

Chapitre III : Mesures en température et comparaison KTN/BST

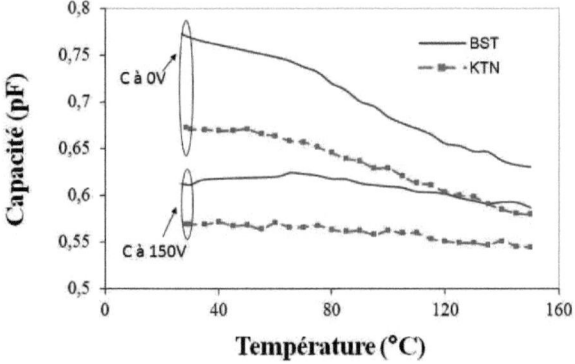

Figure. III.17 : Variation de capacité à base de couches minces ferroélectriques de $Ba_{0,60}Sr_{0,40}TiO_3$ et de $KTa_{0,50}Nb_{0,50}O_3$ en fonction de la température

Pour les deux compositions, la plus grande agilité a été mesurée à température ambiante (25°C). Nous pouvons simplement dire, au vu de la Figure III.17, que la température de Curie est inférieure à la température ambiante. À cette température, on peut observer également une agilité plus importante (21,5%) pour le film $Ba_{0,60}Sr_{0,40}TiO_3$ que pour le film $KTa_{0,50}Nb_{0,50}O_3$ (14,7%). De plus, les valeurs de capacités obtenues en hautes fréquences sont bien plus faibles qu'en basses fréquences. Ceci s'explique simplement par les différentes relaxations apparaissant sur cette gamme de fréquence [3] qui ont pour effet d'abaisser la constante diélectrique en hautes fréquences et par conséquence la valeur de la capacité associée. Cependant, la température de Curie mesurée pour cet échantillon KTN (50/50) est inférieure à celles identifiées dans la première partie. Afin d'expliquer cette variation de la température de Curie, des analyses de compositions par Spectrométrie en énergie EDS (Energy dispersive spectrometry) effectuées par A. LE FEBVRIER (Unité Sciences Chimiques de l'Université de Rennes 1) ont montré un déficit important en potassium qui peut être accentué lors du recuit de l'électrode (qui favorise la formation de pyrochlore). La composition de KTN, estimée à l'incertitude près de l'EDS, est de $K_{0,6}Ta_{0,5}Nb_{0,5}O_{3-\delta}$ à $K_{0,75}Ta_{0,5}Nb_{0,5}O_{3-\delta}$.

III.2.5. Mesure de stubs accordables

Un autre dispositif permettant de mettre en évidence les effets du matériau ferroélectrique est le stub, fonction élémentaire très souvent utilisée dans des dispositifs planaires plus complexes. A ce titre, son étude permet d'entrevoir le réel potentiel du ferroélectrique au sein de fonctions électroniques plus avancées. Des ponts à air (boundings) sont placés afin de supprimer les modes parasites liés à la structure coplanaire de nos dispositifs tout en assurant une homogénéité des potentiels entre plans de masse (Figure III.18).

Chapitre III : Mesures en température et comparaison KTN/BST

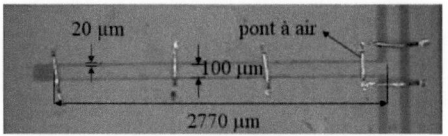

Figure. III.18 : Photographie d'un stub quart d'onde en circuit ouvert utilisant une couche mince ferroélectrique / saphir.

Les variations de fréquences de résonance des stubs à base de couches minces ferroélectriques de $Ba_{0,60}Sr_{0,40}TiO_3$ et $KTa_{0,50}Nb_{0,50}O_3$ à 0 V et à 120 V sont données dans le Tableau III.3. La Figure III.19 montre, comme dans le cas de la capacité interdigitée, une agilité du même ordre de grandeur pour les deux films. A 0 V, la fréquence de résonance du stub à base de BST (8,23 GHz) est supérieure à celle du stub à base de KTN (7,82 GHz) ce qui est dû à une permittivité supérieure de matériaux BST. Cette affirmation sera confirmée par les mesures des lignes de transmission.

Composition des films	Fréquence de résonance (GHz)		Agilité (%)
	à 0 V	à 120 V	
$Ba_{0,60}Sr_{0,40}TiO_3$	8,23	9,22	12
$KTa_{0,50}Nb_{0,50}O_3$	7,82	8,72	11,5

Tableau. III. 3 : Résultats de mesures des stubs pour les films de $KTa_{0,50}Nb_{0,50}O_3$ et de $Ba_{0,60}Sr_{0,40}TiO_3$.

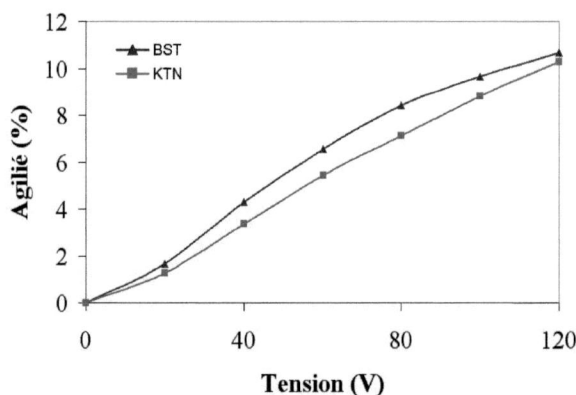

Figure. III.19 : Evolution de l'agilité en fonction de la tension pour les stubs à base de films de $KTa_{0,50}Nb_{0,50}O_3$ et de $Ba_{0,60}Sr_{0,40}TiO_3$

Chapitre III : Mesures en température et comparaison KTN/BST

III.2.6. Mesure de déphaseurs accordables

Dans l'optique de conforter cette étude comparative sur les performances des circuits à base de KTN et BST, un dernier dispositif a été mesuré. Il s'agit d'un déphaseur chargé périodiquement par des capacités interdigitées (Figure III.20).

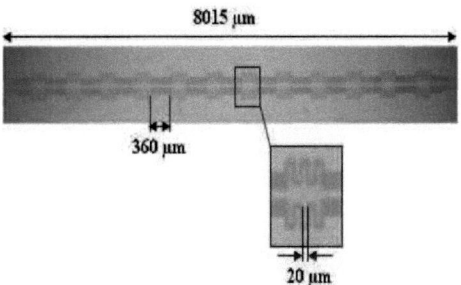

Figure. III.20 : Photographie du déphaseur chargé par des capacités interdigitées utilisant une couche mince ferroélectrique / saphir.

L'exploitation des résultats de mesure à la fréquence de travail de ce circuit (à 20 GHz) met en évidence un déphasage moins important pour le film $KTa_{0,50}Nb_{0,50}O_3$ (58,8°) que celui obtenu pour le film $Ba_{0,60}Sr_{0,40}TiO_3$ (71,4°). Des pertes d'insertion similaires pour les deux circuits font que le Facteur de Mérite (FoM) est également à l'avantage du BST (6,25°/dB contre 5,24°/dB pour le KTN) (Figure III.21) bien que très nettement en deçà des valeurs de la littérature.

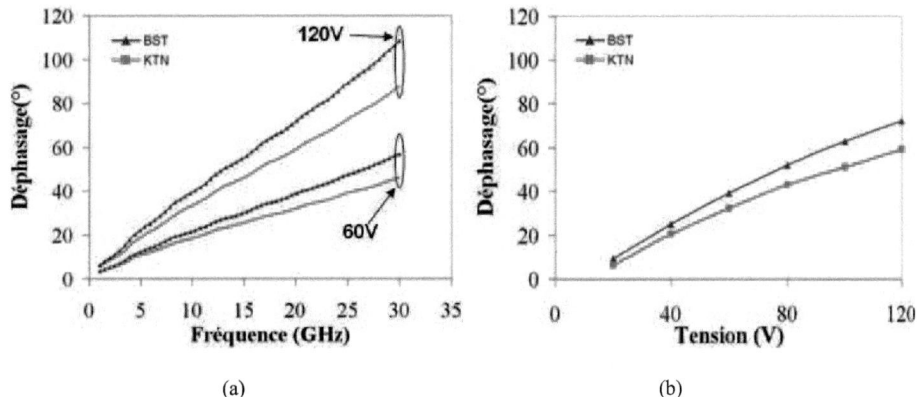

Figure. III.21 : Performances (déphasage) du déphaseur à base de couches minces ferroélectriques de $Ba_{0,60}Sr_{0,40}TiO_3$ et de $KTa_{0,50}Nb_{0,50}O_3$ en fonction de la fréquence à 60 V et à 120 V (a) et en fonction de la tension (b)

Chapitre III : Mesures en température et comparaison KTN/BST

Les performances des deux déphaseurs sont faibles par rapport à la littérature car ils ne sont pas suffisamment optimisés cependant la différence d'agilité confirme nos résultats antérieurs obtenus sur la capacité interdigitée et le stub.

III.2.7. Comparaison de paramètres diélectriques des couches minces KTN et BST

Pour compléter la comparaison BST/KTN, une étude des paramètres diélectriques s'avère également très utile. Pour cela, une méthode d'extraction de type SDA (Spectral Domain Approach) [11] a été utilisée à partir des mesures de lignes de différentes longueurs (Figure III.22).

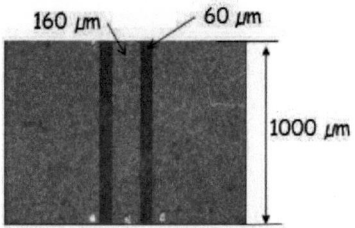

Figure. III.22 : Photographie d'une ligne coplanaire utilisant une couche mince ferroélectrique / saphir.

Les résultats obtenus montrent que le film de $Ba_{0,60}Sr_{0,40}TiO_3$ possède des permittivités diélectriques sensiblement plus élevées avec des pertes diélectriques quasi-identiques à celles du film de $KTa_{0,50}Nb_{0,50}O_3$ dans la bande de 5 à 20 GHz. Cela confirme nos précédents résultats de mesures. On remarque que les pertes diélectriques sont relativement élevées. Elles sont, a priori, liées à une température de Curie très proche de la température ambiante. Il est important de rappeler que les pertes diélectriques du matériau ferroélectrique diminuent quand la température de Curie (Tc) s'éloigne de la température ambiante. Cependant, cet éloignement aura également tendance à diminuer les taux d'agilité de ces films en raison des variations de permittivité moins importantes [3], [9] (Figure III.23).

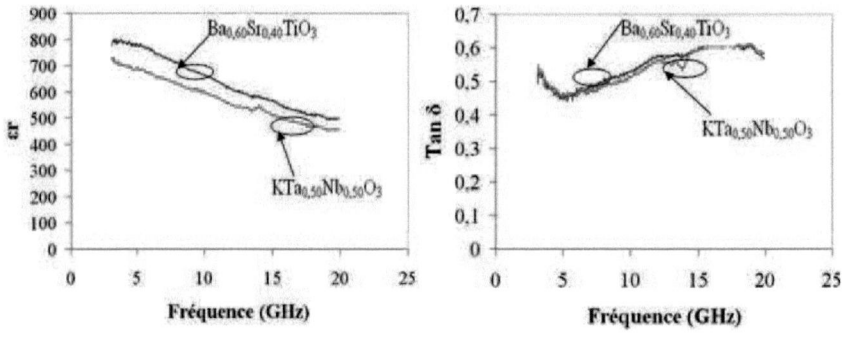

(a) (b)
Figure. III.23 : Permittivité (a) et pertes diélectriques (b) de film de $KTa_{0,50}Nb_{0,50}O_3$ et de $Ba_{0,60}Sr_{0,40}TiO_3$ en fonction de la fréquence.

Chapitre III : Mesures en température et comparaison KTN/BST

Conclusion

Ce chapitre a permis de déterminer la température de Curie ainsi que de l'état de nos couches minces ferroélectriques KTN à la température ambiante pour, au final, les comparer dans des conditions identiques avec la solution la plus utilisée BST.

Malgré la limitation de notre banc de mesure (température minimale limitée à la température ambiante, non détermination des pertes), la première partie a permis de prendre en main le procédé du laboratoire pour la mesure en température de couches minces ferroélectriques avec une bonne reproductibilité des mesures. Quatre taux de niobium (Nb) « x » ont été étudiés (x = 0,35, x = 0,4, x = 0,5 et x = 0,7). Un état paraélectrique avec une Tc inférieure à la température ambiante a été observé pour les matériaux avec x = 0,35 et x = 0,4. Les couches minces avec x = 0,5 et x = 0,7 sont dans un état ferroélectrique à la température ambiante avec des Tc autour de 70°C et > à 150°C respectivement. La présence d'une transition de phase orthorhombic – tétragonal à 30°C a été également observée pour le composé x = 0,7. Nous avons aussi essayé de comprendre la diminution de l'agilité pour le dopage de 3 % MgO, de 3 % Ti + 6 % MgO et la couche tampon $KNbO_3$. En effet, le dopage 3 % MgO et le double dopage 3 % Ti + 6 % MgO permettent de décaler la température de Curie vers les températures basses et de l'éloigner de l'ambiante d'où la diminution de l'agilité. Pour le cas de couche tampon, la Tc se décale aussi mais elle se rapproche de l'ambiante d'où l'augmentation de l'agilité. Cette étude n'est pas complète, le comportement des pertes diélectriques en température est un point à étudier afin de construire une référence de propriétés diélectriques des couches minces KTN.

Dans la seconde partie, notre objectif était de confronter deux familles de ferroélectriques (KTN et BST) déposés en couches minces dans des conditions identiques de dépôt et sur des dispositifs (lignes de transmission, capacités, stubs et déphaseurs) élaborés par sérigraphie, ce qui peut expliquer que les performances du matériau BST soient, dans cette étude, inférieures à celles obtenues dans la littérature. Dans ce contexte, les deux matériaux sont proches en termes de performances, avec un léger avantage au BST. Les résultats de cette étude laissent envisager la possibilité d'atteindre des performances comparables après une optimisation de chaque matériau.

Après avoir étudié les différents composés de couches minces ferroélectriques $KTa_{1-x}Nb_xO_3$, la compréhension des mécanismes physiques qui s'y déroulent et l'influence de différentes pistes qui permettent l'amélioration de matériau, nous nous sommes orientés vers la réalisation de dispositifs accordables plus complexes à base de ces couches minces tels que les filtres planaires. Ce travail fait l'objet du chapitre suivant.

Bibliographie du chapitre III

[1] A. Le Febvrier, « Couches minces et multicouches d'oxydes ferroélectrique (KTN) et diélectrique (BZN) pour applications en hyperfréquences ». Thèse de l'université de Rennes 1, 2012

[2] K. Suzuki, W. Sakamoto, T. Yogo, et S. Hirano, « Processing of Oriented K(Ta,Nb)O$_3$ Films Using Chemical Solution Deposition », J. Am. Ceram. Soc., vol. 82, no 6, p. 1463–1466, 1999

[3] S. Triebwasser, « Study of Ferroelectric Transitions of Solid-Solution Single Crystals of KNbO$_3$-KTaO$_3$ », Phys. Rev., vol. 114, no 1, p. 63-70, 1959

[4] J. S. H. Adriaan C. Carter, « Pulsed laser deposition of ferroelectric thin films for room temperature active microwave electronics », Integr. Ferroelectr., vol. 17, p. 273-285, 1997.

[5] J. Venkatesh, V. Sherman, et N. Setter, « Synthesis and Dielectric Characterization of Potassium Niobate Tantalate Ceramics », J. Am. Ceram. Soc., vol. 88, no 12, p. 3397–3404, 2005

[6] D. Fasquelle, A. Rousseau, M. Guilloux-Viry, S. Députier, A. Perrin, et J. C. Carru, « Dielectric and structural characterization of KNbO$_3$ ferroelectric thin films epitaxially grown by pulsed laser deposition on Nb doped SrTiO$_3$ », Thin Solid Films, vol. 518, no 12, p. 3432-3438, 2010

[7] P. C. J. M. W Cole, « The influence of Mg doping on the materials properties of Ba$_{1-x}$Sr$_x$TiO$_3$ thin films for tunable device applications », Thin Solid Films, vol. 374, no 1, p. 34-41.

[8] L. Zhang, Q. Simon, P. Laurent, N. Martin, V. Bouquet, S. Députier, M. Guilloux-Viry, et G. Tanné, « Performance improvements of KTN ferroelectric thin films for microwave tunable devices », Microwave Conference (EuMC), p. 1202-1205, 2010

[9] V. Laur, A. Rousseau, G. Tanné, P. Laurent, F. Huret, M. Guilloux-Viry, et B. Della, « Tunable microwave components based on Kta$_{1-x}$Nb$_x$O$_3$ ferroelectric material », European Microwave Conference Proceedings, vol. 1, p. 641-644, 2005

[10] C. Huber, « Synthèse et caractérisation de nouveaux matériaux ferroélectriques accordables pour applications hyperfréquences », Thèse de l'université des Sciences et Technologies Bordeaux I, 2003

[11] V. Laur, « Contribution à la réalisation de circuits hyperfréquences reconfigurables à partir de couches minces ferroélectriques : des matériaux aux dispositifs », Thèse de l'université de Bretagne occidentale, 2007

IV

FILTRES PLANAIRES AGILES A BASE DE CAPACITES FERROELECTRIQUES ET DE DIODES VARACTOR

Chapitre IV. : Filtres planaires agiles à base de capacités ferroélectriques et de diodes varactor

Introduction

Dans le chapitre précédent, le matériau $KTa_{1-x}Nb_xO_3$ a été étudié et comparé avec la solution la plus utilisée BST en utilisant des dispositifs hyperfréquences élémentaires (capacités, déphaseurs, stubs, lignes de transmission). Il en résulte que ces deux matériaux possèdent des performances proches avec un léger avantage pour le BST lorsque ces derniers sont élaborés dans les mêmes conditions. Ce dernier chapitre est consacré à l'étude et la réalisation de dispositifs accordables plus complexes. Parmi ces dispositifs, on a choisi d'étudier les filtres planaires reconfigurables qui ont attiré l'attention puisqu'ils peuvent, de par leur agilité, couvrir une large bande de fréquence et réduire significativement la taille des systèmes de télécommunication actuels. Récemment, il a été observé dans la littérature que des efforts ont porté sur la volonté de contrôler la bande passante lors de la variation en fréquence centrale [1], [2] [3]. Dans ce contexte, deux filtres passe bande accordables ont été étudiés et réalisés et font l'objet de ce chapitre.

Un filtre en boucle ouverte de type « open loop » deux pôles agile a ainsi été simulé et réalisé dans la première partie. L'accordabilité est assurée par l'utilisation de capacités ferroélectriques à base de couches minces KTN et de diodes varactor.

Dans la deuxième partie de ce chapitre, un filtre passe bande compact, de type SIR (Stepped-Impedance Resonator) associé à des résonateurs en T, a fait l'objet de notre étude. Le but de ce travail est de rendre ce filtre accordable tant en fréquence centrale qu'en bande passante. Afin de s'affranchir des contraintes liées à la localisation de la couche mince ferroélectrique sur le premier filtre, on a choisi d'utiliser des diodes varactor afin d'assurer l'accord en fréquence. Pour aboutir à la réalisation du circuit final, le filtre de base a été étudié, simulé et réalisé pour en vérifier le bon fonctionnement. L'agilité du dispositif a ensuite été éprouvée par l'ajout de tronçons de lignes. Enfin, l'insertion de diodes varactor ainsi qu'un travail sur le design du filtre a permis d'obtenir un filtre accordable à la fois en fréquence centrale et en bande passante.

Chapitre IV : Filtres planaires agiles à base de capacités ferroélectriques et de diodes varactor

IV.1. Filtre « Open Loop » deux pôles agiles

IV.1.1. Méthodologie d'analyse et de conception

a) Résonateur « Open loop » et choix de couplage

Les résonateurs « open loop » sont des résonateurs qui permettent la réalisation d'une grande variété de topologie de filtres, et notamment la conception de filtres à couplage entre résonateurs non adjacents [4]. Le résonateur est constitué d'une simple ligne microruban de longueur $\lambda_g/2$. Le repliement de la ligne permet principalement de réduire l'encombrement global du résonateur. Trois types de couplage inter-résonateur peuvent être utilisés : couplage magnétique, couplage électrique et couplage mixte [5] [6] [7] (Figure IV.1).

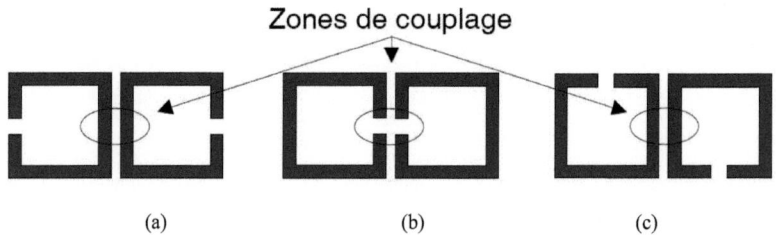

Figure. IV.1 : Différents types de couplage des résonateurs « open loop » : couplage magnétique (a), couplage électrique (b) et couplage mixte (c)

Pour optimiser le filtre accordable, le fait de créer un couplage inter-résonateur purement magnétique est un avantage. En effet, lorsque la capacité variable vient perturber le champ E du résonateur et provoquer un décalage fréquentiel, le champ H reste stable. Dans ce cas, le coefficient de couplage inter-résonateur K_{12} (voir annexe 3) est quasi-constant sur la bande d'accord. On peut ainsi régler la fréquence de résonance sans trop perturber le couplage inter-résonateurs.

b) Filtre deux pôles

Afin d'avoir une bande passante relative constante du filtre accordable, nous avons opté pour un couplage magnétique en connectant les capacités variables au niveau de la zone où se situe le maximum de densité du champ électrique. Le filtre initial est composé de deux résonateurs $\lambda_g/2$ déposés sur un substrat Duroid RO3010 d'épaisseur 635 µm, de permittivité relative $\varepsilon_r = 10,2$, d'une tangente de pertes $Tan\delta = 0,0022$ avec une métallisation d'épaisseur 17,5 µm et des lignes d'accès à l'entrée et à la sortie qui sont symétriquement couplées afin de produire un zéro de transmission de chaque côté de la résonance. Les lignes d'accès d'entrée/sortie ainsi que les résonateurs sont dimensionnés pour avoir une impédance de 50 Ohms (Figure IV.2).

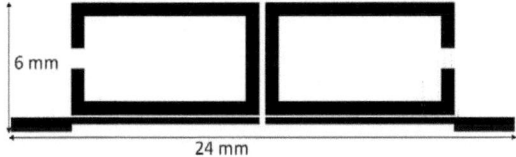

Figure. IV.2   : Masque du filtre « open-loop » passe bande initial.

La réponse simulée de ce filtre initial est donnée sur la Figure IV.3. Il a été conçu pour une fréquence centrale aux alentours de 2,4 GHz exploitée par plusieurs normes tels que Wi-Fi, ISM, WLAN… avec une bande passante relative de 10 %. En analysant la réponse sur une large bande, une seconde résonance apparaît à la fréquence 4,8 GHz. Cette résonance correspond au premier harmonique à $2*f_0$. Le facteur de qualité à vide Q_0 (chapitre II) mesuré pour le résonateur lorsqu'il n'est pas chargé est de 56 à 2,4 GHz.

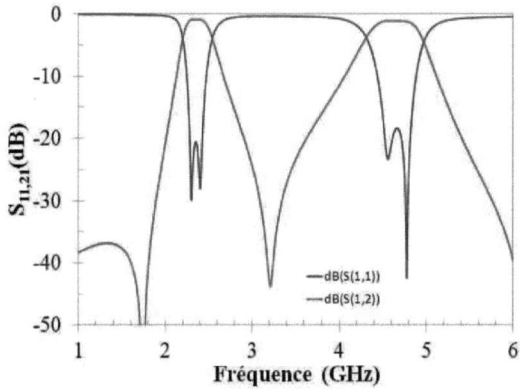

Figure. IV.3   : Résultats de simulation de filtre « open loop » initial

La répartition des champs simulés sur HFSS à 2,4 GHz est présentée sur la Figure IV.4 et confirme que le couplage inter-résonateurs est exclusivement magnétique tandis que le maximum de champ électrique est sur chaque fin de résonateur.

De fait, en positionnant les capacités aux extrémités des résonateurs, on obtient un décalage fréquentiel important sans modifier le couplage inter-résonateurs.

Chapitre IV : Filtres planaires agiles à base de capacités ferroélectriques et de diodes varactor

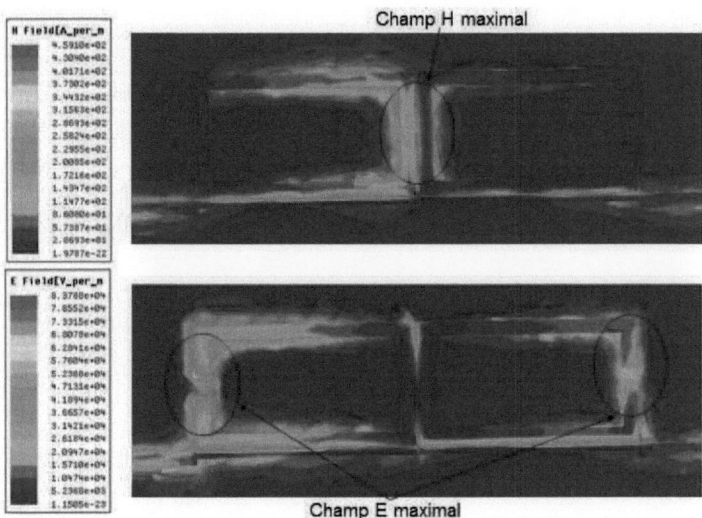

Figure. IV.4 : *Répartition des champs E et H simulés sur HFSS à 2,4 GHz de deux résonateurs « open loop » avec couplage magnétique.*

La Figure IV.5 présente la version accordable du filtre d'ordre 2. Deux résistances de 100 kΩ constituant les résistances de polarisation ont été utilisées afin de réduire les fuites du signal RF. Ce type de polarisation est adapté à une large bande fréquentielle, plus facile à mettre en œuvre et permet de minimiser l'encombrement par rapport à la polarisation classique (stub papillon...). La longueur des résonateurs a été optimisée afin de prendre en compte la longueur électrique équivalente ajoutée par les capacités variables. Nous avons utilisé tout d'abord des capacités agiles à base de matériaux ferroélectriques KTN et ensuite des diodes varactor. La méthode de simulation détaillée dans le chapitre I a été utilisée pour la simulation de ce filtre accordable.

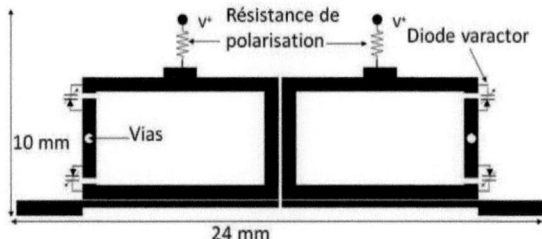

Figure. IV.5 : *Masque du filtre « open loop » passe bande accordable.*

Chapitre IV : Filtres planaires agiles à base de capacités ferroélectriques et de diodes varactor

IV.1.2. Filtre « Open loop » agile à base de capacités ferroélectriques

a) Capacité ferroélectrique utilisée

Les capacités variables sont à présent remplacées par des capacités interdigitées (IDCs) agiles réalisées sur $KTa_{0,65}Nb_{0,35}O_3$ / saphir au laboratoire XLIM avec des fentes de 5 µm, au cours de la thèse de L. ZHANG [8] (Figure IV.6). Le compromis nombre / longueur des doigts a été défini pour obtenir la plage de capacités équivalentes aux valeurs théoriques. L'épaisseur de la couche ferroélectrique KTN est de 500 nm. La plage de variation de la capacité, mesurée pour une tension de polarisation allant de 0 à 120 V, est de 0,5 à 0,22 pF ce qui équivaut à une agilité capacitive de 55,8 %. Les pertes totales mesurées sont 0,11 dB et 0,03 dB respectivement à 0 V et à 120 V.

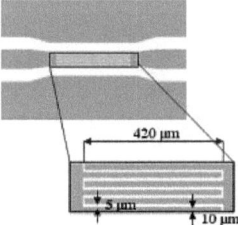

Figure. IV.6 : Masque de la capacité interdigitée utilisée.

b) Résultats de simulation

La Figure IV.7 présente les résultats des paramètres S simulés en utilisant les fichiers de mesure (paramètres S) à 0 V et à 120 V de la capacité. Ces fichiers sont insérés en tant que boites noires dans le logiciel de simulation ADS, comme illustré dans le chapitre I. Nous remarquons ici que la fréquence centrale varie de 2,02 à 2,27 GHz, ce qui donne une agilité de 12,3 %. Les zéros de transmission en basses fréquences (BF) varient de 1,46 à 1,60 GHz, tandis que les zéros de transmission en hautes fréquences (HF) se déplacent de 2,82 à 3,20 GHz. La bande passante relative reste quasi-constante et varie de 11,8 % (0 V) à 13,6 % (120 V). En ce qui concerne les pertes d'insertion, la polarisation les améliore puisque les pertes totales de capacités ferroélectriques diminuent et que la bande passante du filtre reste inchangée. Les courbes montrent qu'elles varient de 4,88 à 1,46 dB sur toute la bande de fréquence.

Chapitre IV : Filtres planaires agiles à base de capacités ferroélectriques et de diodes varactor

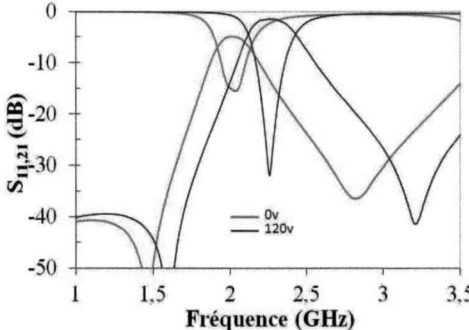

Figure. IV.7 : Résultats de simulation (réflexion et transmission) du filtre « open loop » passe bande accordable à base des capacités ferroélectriques KTN

Globalement, avec ce type de capacité, les résultats de simulation montrent une agilité moyenne (12,3 %) pour une tension appliquée (120 V) et des pertes d'insertion élevées (4,88 dB à 0 V) dues aux fortes pertes diélectriques des couches minces KTN.

La mise en œuvre de la localisation des capacités lors de la conception du circuit peut être établie par deux procédés distincts. Le premier consiste à reporter sur le circuit où est réalisé le filtre des capacités déjà réalisées sur un autre substrat recouvert de ferroélectrique. Le second procédé n'est pas basé sur une réalisation indépendante comme précédemment mais nécessite de réaliser, sur le même substrat que celui du filtre, des dépôts de KTN localisés (soit par fenêtrage soit pas ablation laser localisée après dépôt) mettant en œuvre des techniques assez complexes et surtout des contraintes dans le processus thermique. Dans notre cas, le premier procédé était celui envisagé. Au final, la localisation des capacités ferroélectriques n'a pas été mise en œuvre pour des contraintes de temps. Nous avons décidé d'utiliser des diodes varactor qui permettent d'avoir une facilité de mise en œuvre (soudure des composants CMS) avec une tension de polarisation beaucoup plus faible et des délais de réalisation relativement rapides.

IV.1.3. Filtre « Open loop » agile à base de diodes varactor

a) Méthode de mesure

Pour ce filtre, deux mesures ont été effectuées. Nous avons commencé par la caractérisation de la diode varactor à 2,4 GHz et ensuite la mesure de filtre agile final avec des diodes varactor localisées. Ces mesures ont été réalisées à l'aide d'une cellule de mesure Anritsu associée à un analyseur de réseau vectoriel Agilent E8364A (Figure IV.8). Ce dernier a été calibré en utilisant une calibration de type SOLT (Short-Open-Load-Thru).

Chapitre IV : Filtres planaires agiles à base de capacités ferroélectriques et de diodes varactor

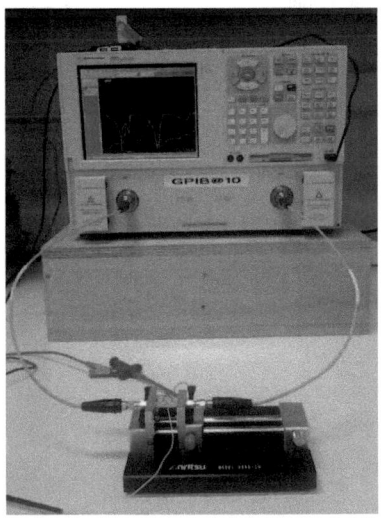

Figure. IV.8 : Dispositif de mesure : cellule de mesure Anritsu associée à l'analyseur de réseaux vectoriel.

b)   Caractérisation des diodes varactor utilisées

On trouve plusieurs types de diodes varactor dans le commerce. Cependant, les tensions mises en jeu sont parfois importantes selon la plage de capacité voulue. Il est important de souligner que le choix de la diode doit se porter sur un composant qui possède à la fois un rapport de capacité suffisant vis-à-vis de l'application visée associé à une résistance série faible, ceci afin d'avoir le moins de pertes ohmiques possibles sur la bande d'accord. Notre choix s'est donc porté sur une diode de type MA46H120 de l'entreprise MA-COM technology solutions avec un rapport C_{max}/C_{min} = 7,33 [9]. Leur schéma équivalent est présenté sur la Figure IV.9.

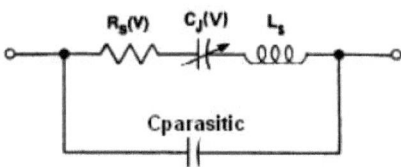

Figure. IV.9 : Schéma équivalent de la diode varactor MA46H120 polarisée en inverse

Les caractéristiques du fabricant sont données dans l'Annexe 4. La capacité varie de 0,15 à 1,1 pF pour une tension inverse aux bornes de diodes allant de 15 V à 0 V (agilité capacitive de 86,3 %). La résistance série Rs annoncée par le constructeur est de 0,9 Ω (1 MHz).

Chapitre IV : Filtres planaires agiles à base de capacités ferroélectriques et de diodes varactor

Les caractéristiques de la diode varactor données par le fabricant ne sont pas toujours très précises et sont fournies en général pour une seule valeur de fréquence (1 MHz). Par conséquent, nous avons caractérisé la diode pour des valeurs de tension allant de 0 V à 20 V afin de connaitre son comportement réel aux fréquences d'utilisation souhaitées (autour de 2,4 GHz). Ces valeurs ont ensuite été comparées à celles obtenues à partir du modèle équivalent électrique simulé à l'aide du logiciel ADS. La mesure nous permet d'obtenir les paramètres S de la diode varactor et la simulation d'extraire la valeur de la résistance série parasite et de la capacité en fonction de la tension.

La Figure IV.10 présente la variation de la capacité donnée par le constructeur à 1 MHz et mesurée à 2,4 GHz en fonction de la tension de polarisation. Même si les valeurs à 2,4 GHz montrent des valeurs de capacités inférieures à celles données par le constructeur à 1 MHz, elles dénotent un comportement similaire et des variations de 0,01 à 0,98 pF sur une plage de tension de polarisation de 20 à 0 V, soit un pourcentage d'agilité capacitive de 98 %.

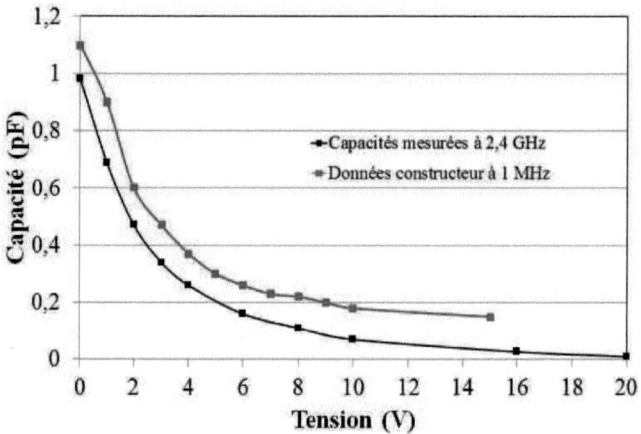

Figure. IV.10   Valeur de la capacité en fonction de la tension inverse aux bornes de la diode, données constructeur à 1 MHz et mesurées à 2,4 GHz

Le Tableau IV.1 nous donne les paramètres de la diode déterminés expérimentalement à 2,4 GHz pour chaque tension de polarisation. On remarque que la valeur de la résistance série Rs correspond en moyenne à celle annoncée par le constructeur à 1 MHz (0,9 Ω à 0 V).

Chapitre IV : Filtres planaires agiles à base de capacités ferroélectriques et de diodes varactor

Tension (V)	Capacité (pF)	Rs (Ω)
0	0,98	0,9
1	0,69	0,9
2	0,47	0,9
3	0,34	0,9
4	0,26	0,85
6	0,16	0,85
8	0,11	0,85
10	0,07	0,85
16	0,03	0,8
20	0,01	0,8

Tableau. IV.1 : Paramètres obtenus à partir du circuit équivalent de la diode à 2,4 GHz

c)   Implémentation du prototype agile et résultats de mesures

Après avoir caractérisé la diode varactor, nous avons réalisé le filtre qui occupe une surface de 24 x 10 mm² (Figure IV.11) sur un substrat de Duroid RO3010. En utilisant des vias métallisés traversant le substrat, nous avons connecté l'anode de la diode varactor au plan de masse situé sur l'autre face (structure micro-ruban). Les diodes sont polarisées simultanément par une seule source de tension DC à travers les deux résistances. Il est à noter que la taille de ces dernières peut être plus petite que celles utilisées dans notre cas.

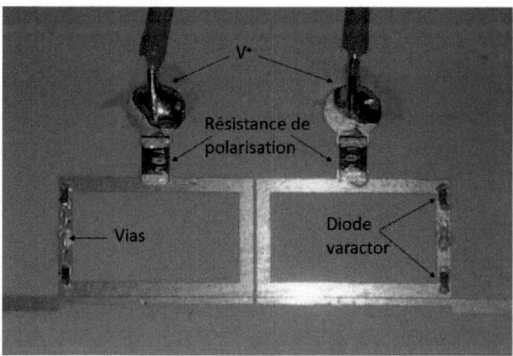

Figure. IV.11   : Photographie du filtre passe bande accordable

La Figure IV.12 présente les résultats des paramètres S simulés et mesurés à différentes valeurs de capacités et de tensions de polarisation V_{polar}. La tension de polarisation V_{polar} varie entre 0 et 20 V et

Chapitre IV : Filtres planaires agiles à base de capacités ferroélectriques et de diodes varactor

correspond à une variation de la capacité de 0,98 pF à 0,01 pF. Les zéros de transmission BF mesurées varient de 1,19 à 1,85 GHz, tandis que les zéros de transmission HF se déplacent de 2,29 à 3,43 GHz. Le filtre accordable présente une agilité fréquentielle mesurée de 50 % pour une variation de la fréquence centrale de 1,6 à 2,4 GHz, et une largeur de bande passante comprise entre 10,2 % (0 V) et 16,6 % (120 V). Les pertes d'insertion dans la bande passante augmentent de 1,22 à 2,77 dB, lorsque la valeur de capacité augmente ou la tension de polarisation diminue. Les pertes d'insertion diminuent avec l'augmentation de la bande passante et la diminution de la résistance série comme illustré dans le Tableau IV.1. Un décalage en fréquence entre les résultats de simulation et les mesures a été remarqué. Des rétro-simulations prenant en compte les dimensions des lignes d'accès des résistances de polarisations montrent un bon accord entre les simulations et la mesure dans la bande passante.

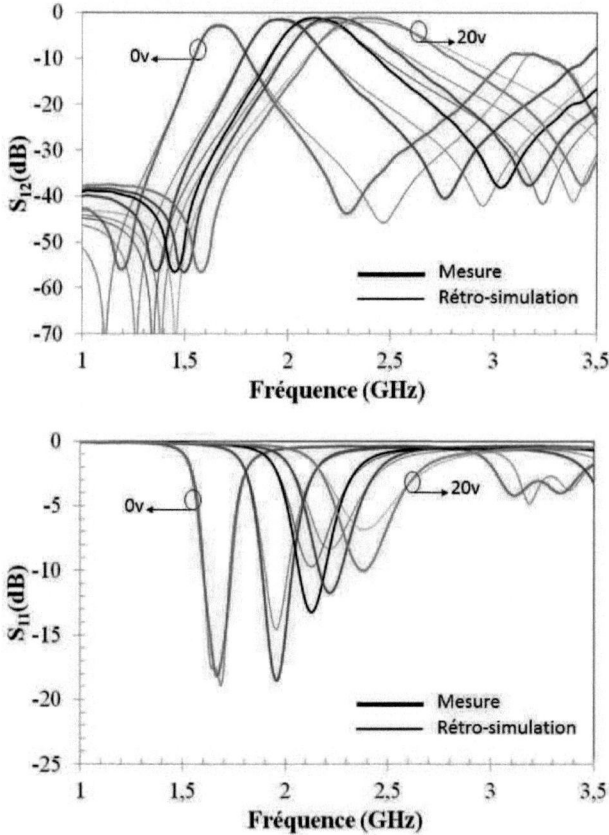

Figure. IV.12 : Paramètres S_{11} S_{21} mesurés et rétro-simulés = $f(V_{polar})$ pour le filtre « open loop » passe bande accordable

Chapitre IV : Filtres planaires agiles à base de capacités ferroélectriques et de diodes varactor

On constate un décalage des zéros de transmission plus marqué en basse fréquence mais globalement la réponse du filtre est validée. Ce décalage serait attribué aux erreurs de tolérances de dimensionnement pendant la phase de fabrication du filtre mais aussi à la caractéristique des diodes qui peut différer d'une diode à l'autre.

Dans la prochaine section, nous allons comparer les performances des deux filtres, en termes d'agilité et pertes d'insertion dans le but de mettre en évidence les avantages et inconvénients entre les diodes varactor et les capacités à base de matériaux ferroélectriques (KTN).

IV.1.4. Bilan des Filtres « Open loop » agiles

On observe, pour les deux filtres contrôlables par les capacités ferroélectriques et par les diodes varactor, que les pertes d'insertions s'améliorent au fur et à mesure que la tension augmente. Le filtre utilisant les diodes varactor présente une agilité fréquentielle plus importante (44,3 %) et des faibles pertes d'insertions (2,77 dB à 0 V) par rapport à celui utilisant des capacités ferroélectriques (agilité : 12,3 % et pertes d'insertions : 4,88 dB à 0 V). Ces différences de pourcentage d'agilité fréquentielle et des pertes d'insertions entre les deux filtres est attribuable au meilleur pourcentage d'agilité capacitive de la diode varactor (98 %) par rapport à celle de la capacité KTN (55,8 %). Ce filtre accordable est caractérisé par une mauvaise réjection hors de la bande passante pour différentes tensions de polarisation à cause de l'apparition du deuxième mode résonant. Il existe dans la littérature des méthodes qui permettent de conserver le même comportement fréquentiel autour de la résonance fondamentale à f_0 et d'éliminer ou d'atténuer fortement l'harmonique à $2*f_0$ [10] [11]. Dans la deuxième partie, nous avons choisi de travailler sur une structure du filtre passe bande autorisant le réglage simultané de la bande passante et de la fréquence centrale tout en permettant d'avoir une bonne réjection hors bande.

IV.2. Filtre compact SIR agile en fréquence centrale et en bande passante

IV.2.1. Contexte : Structure du filtre et potentiel d'accordabilité

a)   Structure du filtre

Le filtre initial, présenté sur la Figure IV.13, comporte trois résonateurs : le résonateur entre accès, de type SIR $\lambda_g / 2$, et deux résonateurs, de type stub en circuit-ouvert en T dont un replié (pour la compacité). Chaque stub en T crée son propre zéro de transmission, un en basse fréquence (BF) et un en haute fréquence (HF). Leur association donne naissance à une bande passante entre ces deux zéros de transmission [12].

Chapitre IV : Filtres planaires agiles à base de capacités ferroélectriques et de diodes varactor

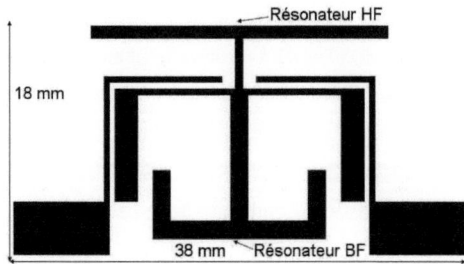

Figure. IV.13 : Masque du filtre SIR passe bande initial.

Le filtre a été réalisé sur un substrat de chez Taconic référencé TLX08 ($\varepsilon_r = 2,5$; h = 1,52 mm). Il a été conçu pour une fréquence centrale aux alentours de 2,4 GHz avec une bande passante relative de 20 %. Le résonateur SIR permet de contrôler la rejection hors bande. Ce filtre a été mesuré à l'aide d'un analyseur de réseau vectoriel Agilent E8364A et de connecteurs SMA. Une bonne correspondance entre simulations et mesures est observée (Figure IV.14).

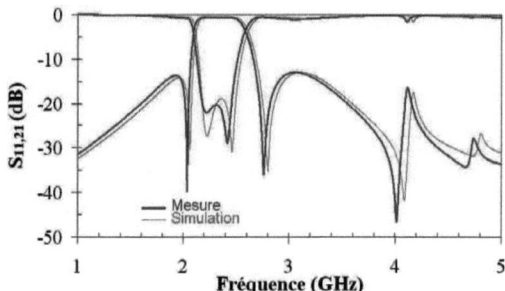

Figure. IV.14 : Résultats de simulation et de mesure

b) Potentiel d'accordabilité

Afin de valider le principe d'accordabilité, des tronçons de ligne ont été ajoutés aux extrémités de ces stubs HF et BF (Figure IV.15). Nous pouvons alors contrôler la position des zéros HF et BF pour agir indépendamment et simultanément sur la fréquence centrale et sur la bande passante du filtre en reliant progressivement les uns aux autres les différents tronçons sur chaque stub.

Les paramètres S mesurés du filtre avec le changement des longueurs électriques des résonateurs HF et BF d'une manière indépendante sont présentés respectivement Figure IV.16 et Figure IV.17.

Une variation de 12,5 % du zéro de transmission HF de 3,12 GHz (à vide) à 2,7 GHz (5 fentes remplies de chaque côté) et des pertes d'insertions de 0,7 à 1,8 dB ont été mesurées. La bande passante relative varie de 25 % à 13 %.

Chapitre IV : Filtres planaires agiles à base de capacités ferroélectriques et de diodes varactor

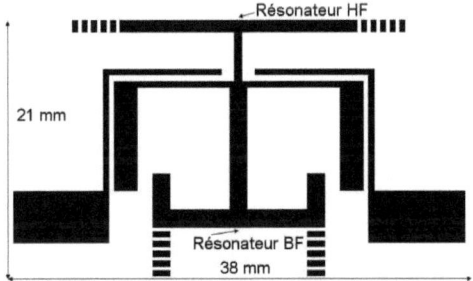

Figure. IV.15 : Masque du filtre passe bande avec les lignes additionnelles en extrémité des résonateurs BF et HF

Le zéro de transmission BF varie de 2,1 GHz (à vide) à 1,9 GHz (5 fentes remplies de chaque côté) soit 12,5 % de variation. Les pertes d'insertions restent autour de 0,7 dB et la bande passante relative passe de 25 % à 36 %.

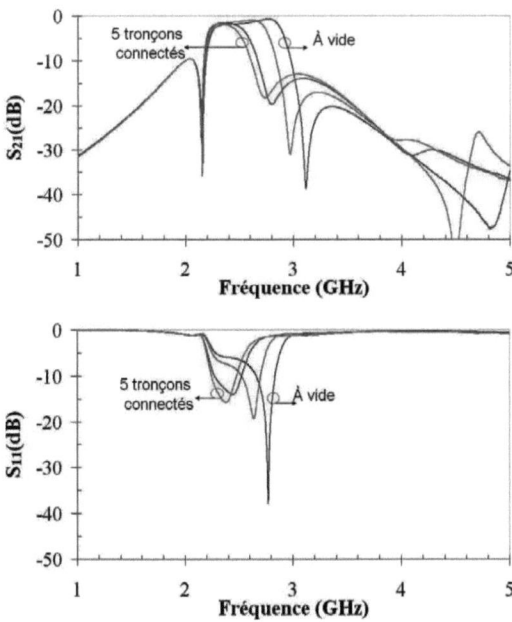

Figure. IV.16 : Paramètres S_{11} et S_{21} mesurés avec des lignes additionnelles au niveau du résonateur HF

Chapitre IV : Filtres planaires agiles à base de capacités ferroélectriques et de diodes varactor

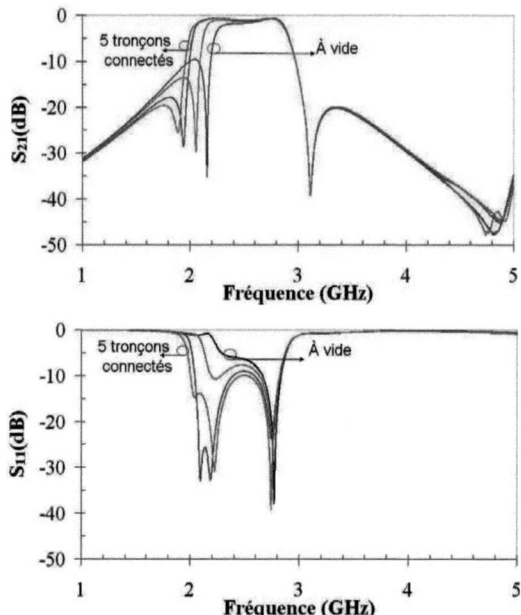

Figure. IV.17 : Paramètres S_{11} et S_{21} mesurés avec des lignes additionnelles au niveau du résonateur BF

L'ajout du même nombre de lignes additionnelles d'une manière simultanée sur les deux résonateurs (Figure IV. 18) permet d'augmenter leurs longueurs électriques et donc une variation de fréquence de résonance qui passe de 2,56 GHz (à vide) à 2,25 GHz (5 fentes remplies) tout en gardant une bande passante relative quasi-constante (25 % à 19 %). Des pertes d'insertions de 0,7 à 1,8 dB ont été mesurées.

Chapitre IV : Filtres planaires agiles à base de capacités ferroélectriques et de diodes varactor

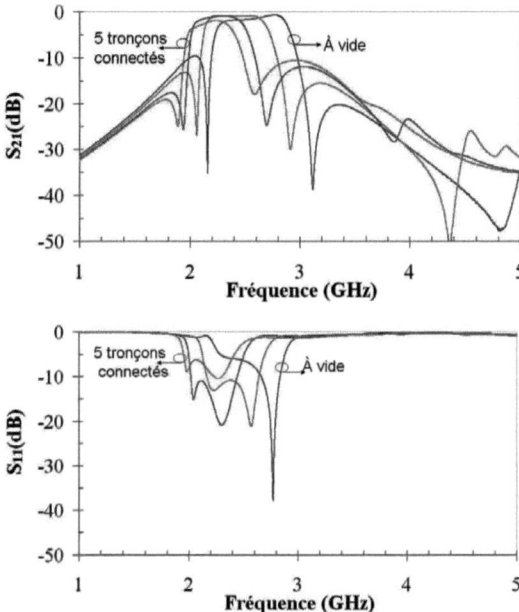

Figure. IV.18 : Paramètres S_{11} et S_{21} mesurés avec le même nombre des lignes additionnelles au niveau du résonateur HF et BF

La variation de bande passante est obtenue en ajoutant des lignes additionnelles d'une manière simultanée et avec un nombre différent. La bande passante relative passe de 12 % avec une fente BF et 5 fentes HF remplies à 38 % avec 5 fentes BF et une fente HF remplies. Un décalage relativement faible de la fréquence centrale (8 %) est observé. Il est dû à une variation importante du zéro de transmission HF par apport au zéro de transmission BF (Figure IV. 19).

La modification des longueurs de stubs montre que cette structure dispose d'un fort potentiel d'accordabilité et qu'elle est bien adaptée à un réglage indépendant et simultané de la fréquence centrale et de la bande passante du filtre.

Chapitre IV : Filtres planaires agiles à base de capacités ferroélectriques et de diodes varactor

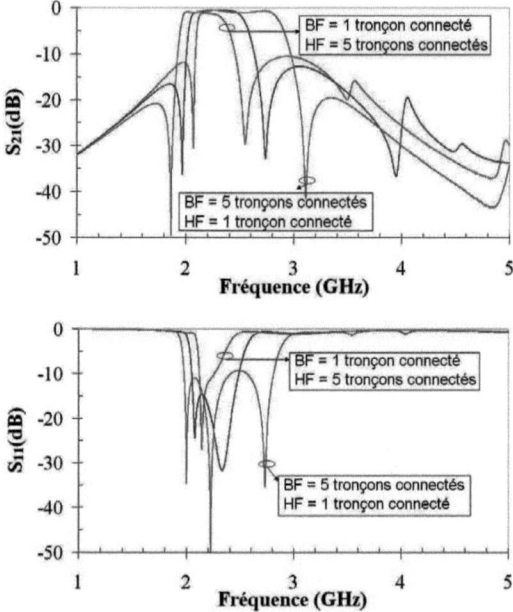

Figure. IV.19 : Paramètres S_{11} et S_{21} mesurés avec un nombre des lignes additionnelles différent au niveau du résonateur HF et BF

IV.2.2. Contrôle indépendant des zéros de transmission BF et HF

Afin d'avoir une variation continue de l'agilité, nous avons opté pour l'utilisation de diodes varactor de type MA46H120 déjà utilisées précédemment (§ IV.1.3.b). Deux premiers filtres accordables ont été réalisés sur le même substrat (TLX08) de permittivité relative 2,5. Les diodes varactor ont été connectées au bout de chaque résonateur (BF et HF) afin de provoquer un large décalage fréquentiel de chaque zéro de transmission, comme démontré dans l'étude précédente. La longueur du stub concerné a été optimisée afin de prendre en compte la longueur électrique équivalente ajoutée par les diodes varactor. Une résistance de 3,3 kΩ constitue la résistance de polarisation permettant de se prémunir des fuites RF.

a)   Filtre avec zéros de transmission HF agile

Le premier filtre avec décalage du zéro HF est présenté Figure IV.20. Les paramètres S correspondant (Figure IV.21) ont été mesurés pour des valeurs de capacité comprises entre 0,25 et 0,03 pF correspondant à des tensions de polarisation V_{polar} allant de 4 à 15 V.

Chapitre IV : Filtres planaires agiles à base de capacités ferroélectriques et de diodes varactor

Pour des raisons pratiques, la longueur minimale du stub HF ne doit pas être trop faible et impose de fait une valeur de capacité maximale utilisable $Cmax_{util}$ qui est inférieure à la capacité maximale $Cmax$ fournie par la diode varactor. Ici, $Cmax_{util}$ correspond à la capacité de la varactor obtenue à 4V.

Le zéro de transmission HF varie de 3,1 GHz à 4,4 GHz (41 % de variation), la bande passante relative passant ainsi de 21 % à 47 %. Des pertes d'insertion inférieures à 1,6 dB pour une fréquence d'accord allant de 2,4 GHz à 2,9 GHz ont été observées.

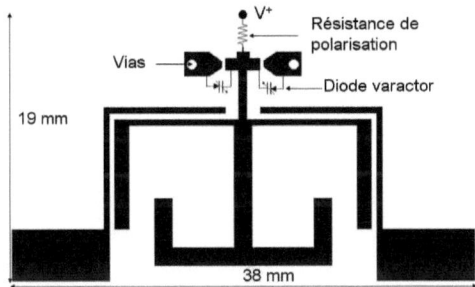

Figure. IV.20   : Masque du filtre passe bande avec diodes au niveau du résonateur HF

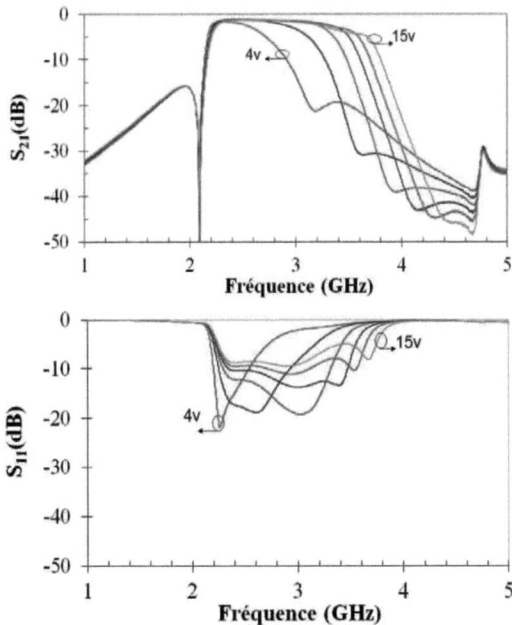

Figure. IV.21   : Paramètres S_{11} et S_{21} mesurés = $f(V_{polar})$ - diodes au niveau du résonateur HF

Chapitre IV : Filtres planaires agiles à base de capacités ferroélectriques et de diodes varactor

b) Filtre avec zéros de transmission BF agile

Le second filtre avec décalage du zéro BF (Figure IV.22) a également été réalisé et conduit à des résultats similaires. Pour des valeurs de capacité comprises entre 0,47 et 0,1 pF, correspondant à des tensions de polarisation V_{polar} allant de 2 à 9 V, une variation de 2,3 GHz à 1,7 GHz du zéro de transmission BF a été mesurée (26 % de variation). La bande passante relative varie de 28 % à 7 %. Des pertes d'insertions de 1,1 à 2,8 dB et une agilité en fréquence centrale de 12,6 % ont été mesurées (Figure IV.23).

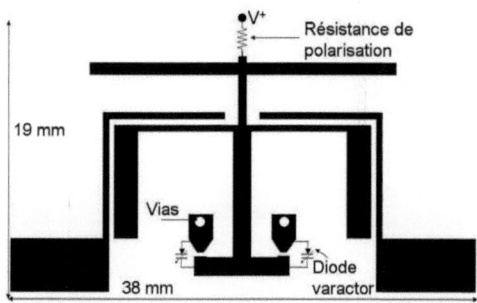

Figure. IV.22   : Masque du filtre passe bande avec diodes au niveau du résonateur BF

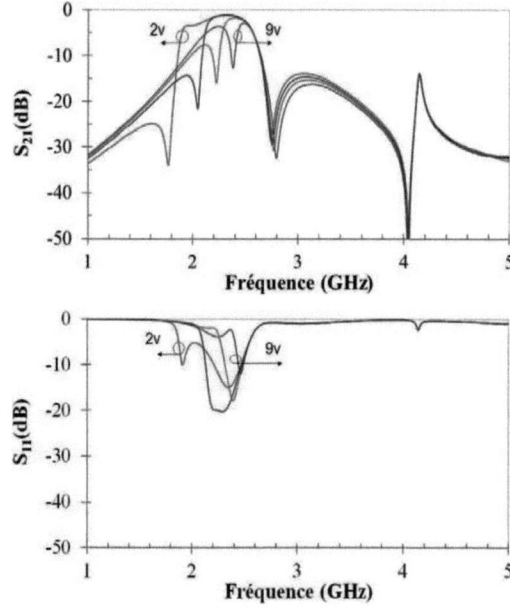

Figure. IV.23   : Paramètres S_{11} et S_{21} mesurés $= f(V_{polar})$ - diodes au niveau du résonateur BF

Chapitre IV : Filtres planaires agiles à base de capacités ferroélectriques et de diodes varactor

IV.2.3. Contrôle simultané des zéros de transmission BF et HF

a) Filtre agile en fréquence centrale

Un troisième filtre mettant en œuvre des diodes situées à l'extrémité des deux résonateurs BF et HF a été réalisé (Figure IV.24). Les paramètres S présentés (Figure IV.25) ont été mesurés pour des valeurs de capacité comprises entre 0,47 et 0,06 pF correspondant à des tensions de polarisation V_{polar} relativement faibles allant de 2 à 11 V. Des pertes d'insertion de 2,4 à 2,8 dB sur une bande d'accord allant respectivement de 2,2 à 3,2 GHz ont été mesurées. Une agilité importante de la fréquence centrale (45 %) a été obtenue tout en gardant une bande passante relative quasi-constante en fonction de la tension qui varie seulement de 27 % à 31 % (Figure IV. 26).

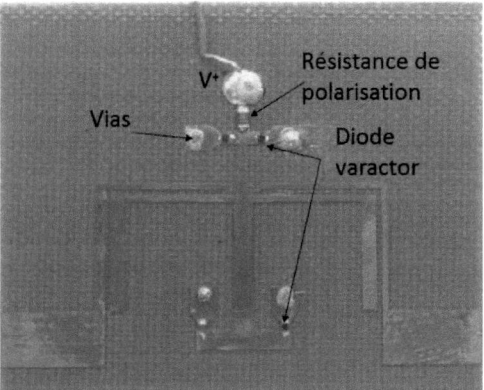

Figure. IV.24   : Photographie du filtre passe bande avec diodes au niveau des résonateurs HF et BF

Chapitre IV : Filtres planaires agiles à base de capacités ferroélectriques et de diodes varactor

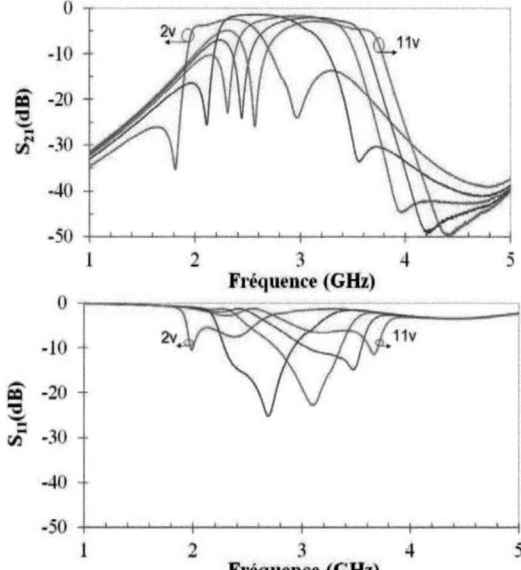

Figure. IV.25   : Paramètres S_{11} et S_{21} mesurés = $f(V_{polar})$ Diodes au niveau des résonateurs BF et HF

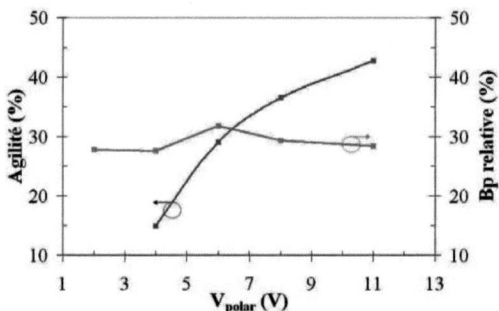

Figure. IV.26   : Agilité et bande passante relative mesurées en fonction de la tension

Ce travail permet également de démontrer les potentialités d'une telle structure pour le contrôle indépendant et simultané de la fréquence centrale et de la bande passante sous réserve de pouvoir polariser les diodes varactor de façon indépendante au niveau des stubs BF et HF. C'est l'objet du paragraphe suivant.

Chapitre IV : Filtres planaires agiles à base de capacités ferroélectriques et de diodes varactor

b) Filtre agile en bande passante

Le filtre agile en bande passante a été conçu en plaçant une capacité de découplage de 47 pF afin de pouvoir appliquer des tensions différentes au niveau de chaque résonateur (HF et BF). Deux résistances de 3,3 kΩ chacune constituent la résistance de polarisation afin de réduire les fuites du signal RF. V_{HF} et V_{BF} correspondent aux tensions de polarisation appliquées respectivement aux résonateurs HF et LF. Le substrat utilisé est toujours le TLX08 (Figure IV.27).

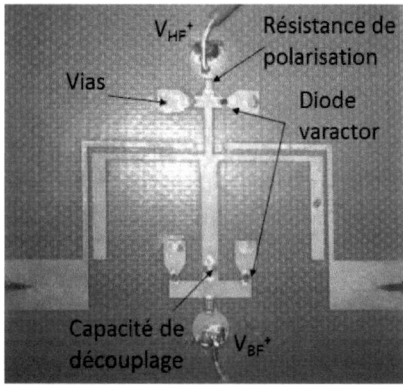

Figure. IV.27 : Photographie du filtre passe bande agile en bande passante

Les paramètres S simulés et mesurés sont présentés Figure IV.28 pour différentes valeurs de tension de polarisation. Une bonne correspondance entre les simulations et mesures est obtenue. La bande passante à -3 dB varie de 64,3 % (V_{LF} = 1 V et V_{HF} = 16 V) à 25,7 % (V_{LF} = 7 V et V_{HF} = 6 V) à une fréquence centrale fixe, 2,72 GHz. Les pertes d'insertion passent de 0,5 et 1,4 dB, respectivement.

Le comportement de ce filtre a été validé expérimentalement. Contrairement au filtre « open loop », cette structure permet d'avoir de bonnes performances telles que:

- un réglage indépendant des zéros de transmission HF et BF
- une agilité très importante en fréquence centrale et en bande passante
- une bonne réjection hors bande
- une facilité de la localisation des diodes sur une ligne en circuit-ouvert
- une réduction significative de longueurs de résonateurs

Chapitre IV : Filtres planaires agiles à base de capacités ferroélectriques et de diodes varactor

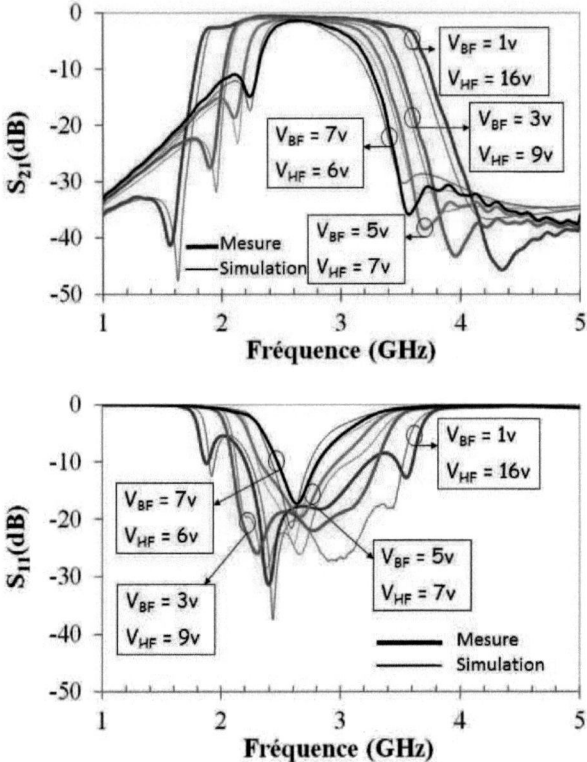

Figure. IV.28   : Paramètres S_{11} et S_{21} mesurés et simulés $= f(V_{polar})$ pour le filtre agile en bande passante

Conclusion

Dans ce chapitre, nous avons conçu deux types de filtres passe bande accordables. Les concepts ont été validés par la simulation électromagnétique puis expérimentalement. Nous avons tout d'abord étudié et simulé un filtre de type « open loop » avec l'utilisation de capacités ferroélectriques à base de couche minces KTN. La fréquence centrale varie de 2,02 à 2,27 GHz soit une agilité de 12,3 % avec une bande passante relative quasi-constante (8 %). Afin de minimiser les contraintes de fabrication et d'avoir moins de pertes d'insertion, nous avons par la suite réalisé une autre version agile du filtre en utilisant des diodes varactor. Ces diodes ont été caractérisées à la fréquence de travail (2,4 GHz). Une agilité de 50 % a été obtenue correspondant à une variation de la fréquence centrale de 1,6 GHz à 2,4 GHz. Nous nous sommes ensuite tournés vers une autre structure de filtre passe-bande de type SIR qui permet d'avoir une agilité en fréquence centrale et en bande passante. Après avoir démontré le concept d'agilité par l'ajout de tronçons de lignes, les réalisations à base de diodes varactor ont mis en évidence un filtre agile en fréquence centrale et en bande passante pour des tensions relativement faibles, avec une bonne rejection hors bande. En effet, pour le filtre agile en fréquence centrale, une agilité de 45 % a été obtenue pour une tension allant de 2 à 11 V avec une bande passante relative quasi-constante. Le filtre agile en bande passante présente une bande passante qui varie de 64,3 % à 25,7 % tout en gardant une fréquence centrale fixe de 2,72 %. Ce travail permet également de démontrer les potentialités d'une telle structure pour le contrôle indépendant et simultané de la fréquence centrale et le réglage assez aisé de chaque zéro de transmission avec la polarisation des diodes varactor de façon indépendante au niveau des stubs BF et HF.

Bibliographie du chapitre IV

[1]   J. Long, C. Li, W. Cui, J. Huangfu, and L. Ran, « A Tunable Microstrip Bandpass Filter With Two Independently Adjustable Transmission Zeros », *IEEE Microw. Wirel. Components Lett.*, vol. 21, n° 2, p. 74-76, 2011

[2]   X. Huang, Q. Feng, and Q. Xiang, « Bandpass Filter With Tunable Bandwidth Using Quadruple-Mode Stub-Loaded Resonator », *IEEE Microw. Wirel. Components Lett.*, vol. 22, n° 4, p. 176-178, 2012

[3]   W. Tang and J.-S. Hong, « Varactor-Tuned Dual-Mode Bandpass Filters », *IEEE Trans. Microw. Theory Tech.*, vol. 58, n° 8, p. 2213-2219, 2010

[4]   J. S. Hong and M. J. Lancaster « Microstrip Filters for RF Microwave Applications », 2001

[5]   J.-S. Hong and M. J. Lancaster, « Couplings of microstrip square open-loop resonators for cross-coupled planar microwave filters », *IEEE Trans. Microw. Theory Tech.*, vol. 44, n° 11, p. 2099-2109, 1996

[6]   J.-S. Hong and M. J. Lancaster, « Canonical microstrip filter using square open-loop resonators », *Electron. Lett.*, vol. 31, n° 23, p. 2020-2022, 1995

[7]   G. L. Matthaei, L. Young, and E. M. T. Jones, « *Microwave filters, impedance-matching networks, and coupling structures*», 1980

[8]   L. Y. Zhang « Dispositifs agiles à base de couches minces ferroélectriques de $KTa_{1-x}Nb_xO_3$ pour les applications hyperfréquences multistandards : contribution à la diminution des pertes diélectriques », Thèse de l'université de Bretagne occidentale, 2010

[9]   http://www.macomtech.com/datasheets/MA46H120.pdf

[10]   M. Jiang, M.-H. Wu, and J.-T. Kuo, « Parallel-coupled microstrip filters with over-coupled stages for multispurious suppression », *Microwave Symposium Digest, IEEE MTT-S International*, p. 687-690, 2005

[11]   S.-W. Fok, P. Cheong, K.-W. Tam, and R. P. Martins, « A novel microstrip square-loop dual-mode bandpass filter with simultaneous size reduction and spurious response suppression », *IEEE Trans. Microw. Theory Tech.*, vol. 54, n° 5, p. 2033-2041, 2006

[12]   W. Shen, X.-W. Sun, and W.-Y. Yin, « A Novel Microstrip Filter Using Three-Mode Stepped Impedance Resonator (TSIR) », *IEEE Microw. Wirel. Components Lett.*, vol. 19, n° 12, p. 774-776, 2009

CONCLUSION GENERALE ET PERSPECTIVES

Conclusion générale et perspectives

Les travaux effectués au cours de cette thèse sont dans la continuité de ceux réalisés dans le cadre d'un Programme de Recherche d'Intérêt Régional (PRIR) s'intitulant « Dispositifs hyperfréquences accordables faibles pertes pour les applications en télécommunication » et mis en place par la région Bretagne. Les objectifs principaux de notre étude étaient, d'une part, d'étudier le comportement en température de différentes compositions du matériau KTN, l'influence de différentes pistes étudiées dans nos travaux antérieurs sur la température de Curie et de comparer les performances de nos couches minces à base de KTN à celles de la solution la plus utilisée en BST et, d'autre part, la mise en œuvre du matériau KTN en réalisant des dispositifs agiles en fréquence tels que les filtres planaires.

Pour répondre au premier objectif, nous avons effectué, dans le premier chapitre, un bref état de l'art sur les différents besoins actuels en dispositifs accordables ainsi que sur les différentes solutions technologiques permettant de les réaliser. Parmi ces technologies, deux familles émergent : les éléments localisés et les matériaux agiles. Nous avons pour cela commencé par comparer ces solutions en montrant leurs avantages et leurs inconvénients. Nous avons pu remarquer, au cours de cette étude, qu'il n'y a pas typiquement de solutions meilleures que d'autres et que le choix de la technologie doit se faire en fonction des critères de conception et de l'application visée. Nous avons aussi présenté les principales méthodologies permettant de rendre un dispositif agile en présentant la méthode hybride de simulation utilisée pour la simulation de nos dispositifs.

Pour notre étude, nous nous sommes intéressés aux matériaux ferroélectriques qui, en raison de leur fort potentiel d'intégration et d'agilité, représentent une solution intéressante pour la réalisation de fonctions agiles en fréquence. Dans cette voie, nous avons montré les principes de la ferroélectricité nécessaires à la compréhension des phénomènes mis en jeu au sein des matériaux ferroélectriques. On a commencé, dans un premier temps, par rappeler leurs propriétés diélectriques et leurs intérêts pour l'agilité en hyperfréquence. Nous avons ainsi présenté les deux principaux matériaux ferroélectriques parmi les plus prometteurs le $Ba_xSr_{1-x}TiO_3$ et le $KTa_{1-x}Nb_xO_3$ et les techniques de dépôt en couches minces. Nous avons remarqué que ces deux matériaux présentent deux structures similaires de type pérovskite avec une température de Curie modifiable en ajustant le taux « x » (Nb pour le KTN ou Ba pour le BST). Sous forme massive, ces deux matériaux ont montré des performances intéressantes. Les mesures en température des matériaux massifs montrent clairement un pic qui permet de distinguer facilement la température de Curie Tc et donc l'état du matériau à chaque température. Le passage à la forme en couche mince rend l'identification de la Tc plus difficile puisque la courbe correspondante à la variation de la capacité en fonction de la température est très aplatie et le pic correspondant à Tc est peu marqué. Nous avons présenté également, à la fin de ce chapitre, les principaux résultats obtenus au laboratoire et les différentes voies explorées afin d'améliorer le matériau KTN.

Conclusion générale et perspectives

Dans le troisième chapitre, nous avons poursuivi dans cette voie. Dans une première partie, nous avons effectué des mesures en température dans le but d'essayer d'identifier la température de changement de phase (Tc) et l'état de matériaux pour nos couches minces KTN. Nous avons commencé par la présentation des échantillons à mesurer et du banc de mesure qui permet de déterminer la capacité en fonction de la température. Ces mesures ont été réalisées en basse fréquence (100 Hz). Nous avons tenté, dans un premier temps, de déterminer la température de Curie et d'en déduire l'état de nos couches minces KTN à la température ambiante pour notre matériau ferroélectrique $KTa_{1-x}Nb_xO_3$ avec des proportions de niobium (x) différentes. Dans un second temps, nous avons essayé de d'observer l'influence de différentes solutions utilisées pour améliorer les performances du matériau (dopage, couche tampon) sur la température de Curie et les phases du ferroélectrique en hyperfréquence. Ainsi, lorsque « x » augmente, on passe d'une phase paraélectrique à une phase ferroélectrique par observation d'une Tc qui se décale vers les hautes températures. Par ailleurs, l'ajout de dopage ou d'une couche tampon a pour effet d'abaisser cette Tc (inférieure à la température ambiante dans les deux cas).

Afin de compléter cette étude, il serait souhaitable de disposer d'un banc de mesure sur une large plage de température permettant de plus la détermination des pertes diélectriques

Dans une deuxième partie, nous avons présenté une étude comparative des performances de deux principaux matériaux ferroélectriques étudiés au sein de la littérature, KTN et BST, dans le but de construire un vrai point de référence pour situer les performances de chacune de ces deux matériaux. Nous avons réalisé des dispositifs hyperfréquences élémentaires similaires (lignes de transmissions, capacités, stubs et déphaseurs) dans des conditions de synthèse et de dépôt identiques (PLD). Nous avons pu remarquer des performances similaires avec un léger avantage au BST (agilité légèrement supérieure, déphasage et FoM sensiblement plus élevés, permittivités diélectriques plus élevées pour des pertes quasi identiques).

Les résultats de cette étude laissent envisager la possibilité d'atteindre des performances comparables après une optimisation de chaque matériau.

Pour répondre au deuxième objectif de ce travail (réalisation de dispositifs agiles en fréquence), nous avons orienté notre travail vers la réalisation des dispositifs hyperfréquences plus complexes tels que les filtres planaires. Deux filtres agiles ont été simulés, réalisés et caractérisés : un filtre passe bande « open loop » deux pôles agile et un filtre passe bande compact agile de type SIR. Les concepts ont été validés par la simulation électromagnétique puis expérimentalement.

Pour le filtre « open loop » passe bande agile, tout d'abord, nous avons étudié et simulé le filtre initial sans élément d'accord. Ensuite, nous avons simulé une première version accordable avec l'utilisation de capacités ferroélectriques à base de couche minces KTN. Les résultats de simulation donnent des résultats intéressants : une bande passante relative quasi-constante associée à une agilité

Conclusion générale et perspectives

moyenne malgré des pertes d'insertion relativement élevées attribuées aux fortes pertes diélectriques des couches minces KTN.

Compte tenu des difficultés à utiliser ce type de capacité, liées à des contraintes de fabrication (découpe et connexion notamment), il n'a pas été possible de mettre en œuvre un circuit avec la localisation de ces capacités ferroélectriques. Cependant, des simulations ont montré que les performances que l'on pourrait atteindre avec de telles solutions sont meilleures en utilisant des diodes varactor à la place des capacités ferroélectriques. Pour ce faire, nous avons caractérisé ces diodes à la fréquence de travail (2,4 GHz). Nous avons par la suite, simulé et réalisé une deuxième version du filtre accordable à base de ces diodes varactor. Les résultats de mesures ont mis en évidence la validation de la réponse globale du filtre, une agilité en fréquence centrale plus importante, de faibles pertes d'insertion par rapport à celui utilisant des capacités ferroélectriques, une bande passante relative quasi-constante.

Ce filtre accordable est caractérisé par une mauvaise rejection hors de la bande passante du fait de l'apparition du deuxième mode résonant.

Afin de contourner le problème de réjection hors bande rencontré avec le filtre précédent, nous avons choisi de travailler sur une autre structure du filtre passe bande compact de type SIR permettant d'avoir une agilité en fréquence centrale et en bande passante. Nous avons tout d'abord simulé et réalisé le filtre initial. Il présente une fréquence centrale de 2,4 GHz avec une bande passante relative de 20 % et une bonne correspondance entre simulations et mesures. Par la suite, nous avons démontré le potentiel d'agilité par l'ajout de tronçons de lignes à chaque extrémité de résonateur. Enfin, nous avons introduit les diodes varactor et réalisé un filtre agile en fréquence centrale (polarisation simultanée) et un autre en bande passante (polarisation indépendante). Cette structure a conduit à de bonnes performances :

- Un réglage simultané ou indépendant assez aisé des zéros de transmissions HF et BF
- Une agilité très satisfaisante en fréquence centrale (45 %)
- Une agilité assez importante en bande passante (64,3 % à 25,7 %) en gardant une fréquence centrale fixe.
- Une faible tension de polarisation (16 V maximum)
- Une meilleure réjection hors bande
- Une facilité de la localisation des diodes sur une ligne en circuit-ouvert
- Une réduction significative de longueurs de résonateurs

Malgré ces bons résultats, il reste néanmoins des améliorations potentielles à apporter. Notre première suggestion concerne les filtres agiles à base de diodes varactor. Bien qu'ils soient accordables sur une large bande de fréquence, il nous semble important de résoudre le problème de désadaptation qui varie avec la tension de polarisation de la diode varactor. Un système d'adaptation

Conclusion générale et perspectives

d'impédance devrait donc être intégré au filtre de manière à garder les coefficients de réflexion et d'insertion constants pour les différentes tensions de polarisation des diodes varactor. Ce système d'adaptation permettrait de maintenir des pertes d'insertion minimales. Des investigations sont aussi à mener sur le choix des éléments accordables. En effet, il est nécessaire notamment de réduire significativement les pertes liées à ces éléments. Ceci pourrait être établi grâce à l'utilisation d'autres composants variables à la place des diodes varactor classiques tels que par exemple les MEMS.

Notre seconde suggestion concerne la conception des filtres accordable à base des capacités ferroélectriques. Deux grands axes seraient à prospecter : l'amélioration des performances intrinsèques des capacités (essentiellement en lien avec la nature et les propriétés des couches minces) et les techniques de localisation de capacités ferroélectriques.

En ce qui concerne l'amélioration de performances intrinsèques de capacités, diverses perspectives de recherche peuvent être envisagées dans le but d'améliorer le compromis agilité /pertes :

- L'introduction d'une couche tampon de $KNbO_3$ sur saphir R (amélioration de la qualité cristalline des couches et de l'agilité) associé à un dopage par MgO (amélioration des pertes diélectriques).

- L'utilisation des structures composites sous forme multicouches pour diminuer les pertes globales des capacités. Un exemple a été réalisé à l'USC au cours de la thèse d'Arnaud LE FEBVRIER (2012) et consiste à déposer un matériau relaxeur accordable $Bi_{1,5}ZnNb_{1,5}O_7$ (BZN), présentant un fort potentiel sur la diminution des pertes, pour la réalisation de composites agiles à faibles pertes (KTN/BZN en multicouches)

Quant aux techniques de localisation des capacités ferroélectriques, la méthode de report en surface de capacités interdigitées, envisagée dans cette thèse, apporte malheureusement des contraintes de découpe et de connectivité parfois délicates. Il serait important d'utiliser d'autres techniques pour localiser directement le matériau ferroélectrique KTN dans la zone active des dispositifs accordables, tels que le dépôt par ouverture localisée ou la microgravure laser localisée des films de KTN.

- Dépôt par ouverture localisée : cette méthode consiste à déposer le matériau ferroélectrique au travers d'un masque. Elle nécessite deux substrats de mêmes dimensions : un substrat hôte adapté à la couche la couche mince KTN (saphir) et un substrat de protection de faible épaisseur. Ce dernier présente une ouverture (de forme rectangulaire par exemple) permettant le dépôt de la couche KTN. Ce dépôt localisé sera placé juste en dessous des capacités interdigitées. Enfin, une dernière étape permet de métalliser les deux faces du substrat et de graver le circuit par une technique classique de sérigraphie.

- Microgravure laser localisée des films de KTN : cette méthode consiste à ôter localement le matériau ferroélectrique KTN sans altérer le substrat ce qui permet de localiser le ferroélectrique là où son apport est justifié (zone où doit être créée l'agilité) et de réduire significativement les pertes d'insertion des dispositifs. La réalisation de notre filtre SIR agile à base de capacité ferroélectrique KTN est envisageable avec cette méthode en passant par :
    - ✓ Dimensionner le filtre sur un substrat adapté au dépôt de couches minces KTN dont on maitrise ses influences sur les paramètres diélectriques de films minces KTN (saphir).
    - ✓ Utiliser la méthode CSD pour le dépôt de couches qui nous permet d'avoir une surface plus large de dépôt.

ANNEXES

Annexes

Annexe 1 : Ablation laser pulsé

L'ablation laser ou PLD (Pulsed Laser Deposition) est la technique la plus prisée pour déposer des couches minces ferroélectriques. Son principe est de focaliser un faisceau laser pulsé (UV : Ultra Violet) sur une cible du matériau à déposer. Lorsque l'énergie est suffisamment élevée, il se forme un panache de matière, appelé plume, perpendiculairement à la cible. Le matériau éjecté est alors déposé sur un substrat chauffé placé en face de cette cible. Cette technique, illustrée en Figure 1, permet d'obtenir des couches minces avec une bonne qualité cristalline sous réserve de bien contrôler la rotation de la cible, la variation de la distance foyer-substrat et celle de la distance verre cible [1].

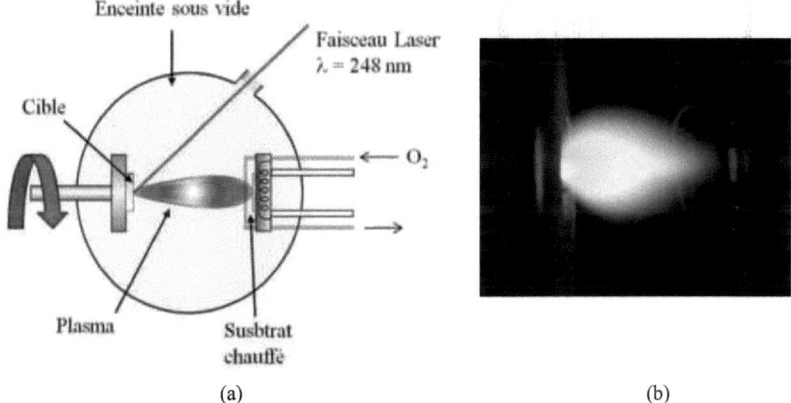

(a)   (b)

Figure 1. : Schéma du principe de l'ablation laser (a) et photographie de la plume de matière éjectée au niveau de la cible (b).

Le PLD est une technique permettant également de déposer aisément des couches minces complexes, constituées de plusieurs matériaux (hétérostructures multicouches). Cependant leurs principaux inconvénients résident dans la forte densité des défauts ponctuels, l'aspect « rocailleux » de la morphologie de surface et les zones de dépôt qui sont de petites tailles ($< 10 \times 10$ mm^2). Les principaux paramètres de dépôt de nos couches ont été optimisées à l'Unité Sciences Chimiques (USC – UMR CNRS 6226) de l'Université de Rennes 1[2]. Ils sont regroupés dans le tableau 1.

Laser Excimère KrF	$\lambda = 248$ nm
Fréquence	2 Hz
Energie	210 mJ
Température du substrat	700 °C
Distance cible-substrat	55 mm
Atmosphère de dépôt	$P(O_2) = 0,3$ mbar
Composition cible	KTN + 50-60 % KNO$_3$ (molaire)

Tableau 1 : Conditions de dépôt par ablation laser pulsé.

Annexes

Annexe 2 : Masque générique de test des couches ferroélectriques mises en œuvre

La Figure 2 représente le masque général (10x10 mm^2) des dispositifs étudiés et réalisés pour caractériser nos matériaux ferroélectriques. Le masque comprend 2 lignes courtes, 2 capacités IDCs en transmission, 2 IDCs en réflexion, 2 stubs, 2 stubs chargés par des IDCs, 2 déphaseurs et 1 ligne longue. Les dispositifs basiques (lignes courtes, IDCs en transmission et stubs) sont placés à 90° de façon à s'affranchir des problèmes d'orientation du saphir et de vérifier la présence d'une éventuelle anisotropie [3].

Ce masque générique a été utilisé sur la grande majorité de nos échantillons de caractéristiques différentes, soit au niveau du substrat ou soit au niveau de la composition du matériau ferroélectrique déposé. Chaque réalisation a été doublée par mesure de sécurité.

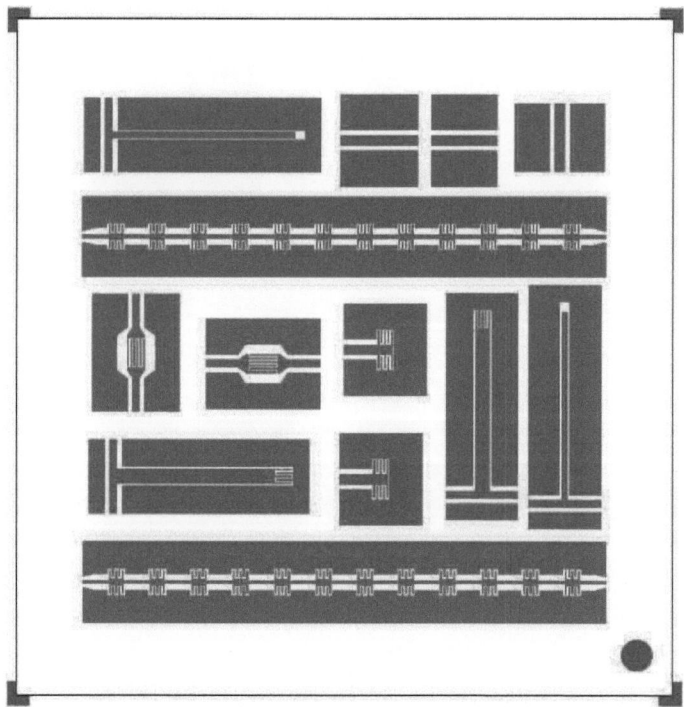

Figure 2. : Masque général des dispositifs réalisés.

Annexe 3 : Filtre « open loop » - couplage magnétique

Les résonateurs « open loop » sont des résonateurs qui permettent la réalisation d'une grande variété de topologie de filtres, et notamment la conception de filtres à couplage entre résonateurs non adjacents. Le champ électrique est maximum aux extrémités de la ligne, tandis que le champ magnétique l'est au milieu (Figure 3). Le repliement de la ligne permet principalement de réduire les dimensions globales du résonateur.

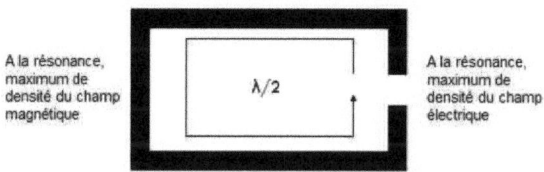

Figure 3. : Résonateur « open loop ».

Nous allons à présent décrire la démarche de réalisation physique de ces couplages [4] [5]. La première étape de la démarche de conception nous permet d'établir la matrice de couplage idéale du filtre, c'est-à-dire les valeurs des couplages entre les différents éléments résonants et des couplages d'entrée et sortie

- *Synthèse de filtre d'après un gabarit fixe*

La synthèse d'un filtre deux pôles de type Tchebychev consiste à déterminer les paramètres électromagnétiques K_{12} et Q_e d'après le gabarit fixe. Le coefficient de qualité Q_e traduit le couplage existant entre une ligne d'excitation (généralement 50 Ω) et un élément résonant. Le coefficient K_{12} désigne le couplage inter-résonateur.

$$Q_e = \frac{f_0 \times g_0 \times g_1}{\Delta f} \qquad \text{Equ.1}$$

$$K_{12} = \frac{\Delta f}{f_0 \times \sqrt{(g_1 g_2)}} \qquad \text{Equ.2}$$

f_0 est la fréquence centrale du filtre
Δf la bande passante à -3 dB
g_0, g_1 et g_2 paramètres de Tchebychev.
Une fois Q_e et K_{12} connus, il est possible ensuite de déterminer les dimensions du circuit.

- *Détermination de la position des systèmes d'excitation*

La ligne d'excitation et le résonateur ne sont pas liés directement mais sont suffisamment proches pour induire un échange d'énergie. La valeur du coefficient de couplage dépend directement de la

Annexes

distance séparant la ligne d'accès du résonateur et de la longueur couplée en regard. La structure à utiliser pour déterminer le couplage comprend un seul résonateur excité par deux lignes (Figure 4).

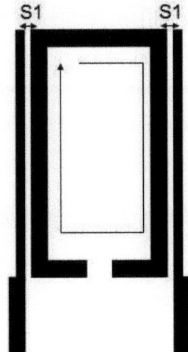

Figure 4.   : Résonateur « open loop » excité par deux lignes

Pour une valeur du gap S_1, on calcule le paramètre Q_e autour de la fréquence de résonance à partir de la simulation ADS momentum.

La réponse en transmission aura l'allure suivante (Figure 5)

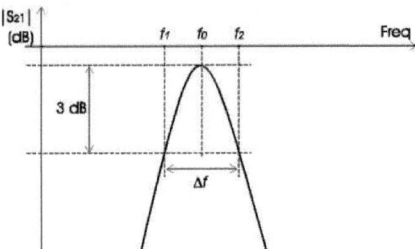

Figure 5.   : Réponse électrique en transmission d'un résonateur

$$Q_e = \frac{2 \times f_0}{\Delta f}$$ Equ.3

f_0 est la fréquence centrale du résonateur et Δf la bande passante à -3 dB

La simulation ADS momentum est réalisée pour différentes valeur de S1 et l'on obtient la caractéristique $Q_e=f(S_1)$ (Figure 6). A partir de la valeur de Q_e donnée par l'Equ.1, on détermine graphiquement la valeur de S_1

Annexes

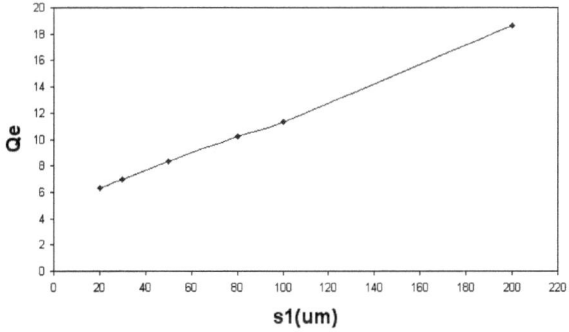

Figure 6. : *Exemple de variation du coefficient Q_e en fonction de la distance S_1 entre le résonateur « open loop » et les lignes d'excitations*

- *Détermination de distances inter-résonateurs*

On travaille en oscillations forcées, c'est-à-dire que le filtre est excité. Pour que l'excitation ne perturbe pas les résonances, on place les lignes d'accès pour avoir un couplage entrée/sortie faible, soit une valeur de S1 grande (Figure 7.a). Le couplage de deux résonateurs identiques donne en transmission deux pics de résonance f_{cc} et f_{co} répartis de part et d'autre de la fréquence f_0 du résonateur isolé (Figure 7.b).

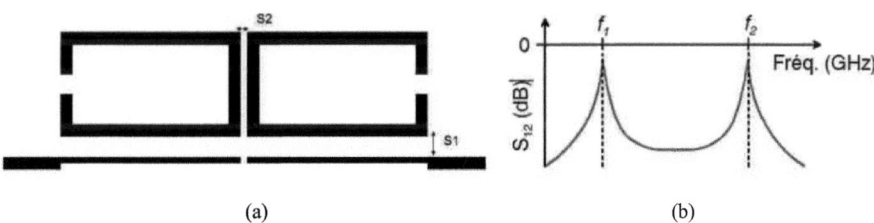

(a)   (b)

Figure 7.   *Couplage inter-résonateur « open loop » (a) et paramètres S21 simulés(b)*

Dans ce cas on relève les fréquences de résonance f_{cc} et f_{co}, d'après le tracé du module de S_{21} ou de S_{11}. On en déduit la valeur du coefficient K_{12} grâce à l'équation :

$$K_{12} = \frac{f^2_{cc} - f^2_{co}}{f^2_{cc} + f^2_{co}}$$
Equ.4

Ce calcul est réalisé pour différentes valeurs de S_2 et on obtient la courbe (Figure 8)

Annexes

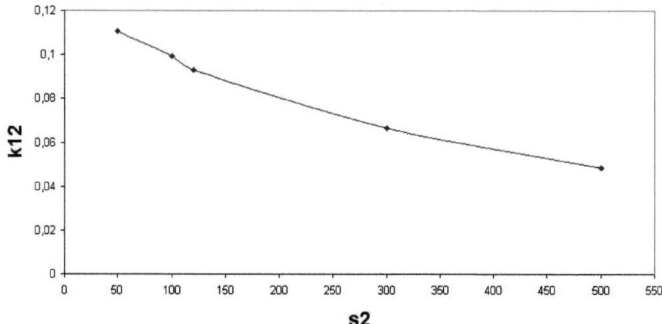

Figure 8. : Exemple de variation du coefficient de couplage K_{12} en fonction de la distance inter-résonateur S_2

A partir de l'Equ.2, on calcule la valeur de K_{12} et on détermine graphiquement la largeur de gap S_2. La dernière étape consiste à étudier la structure globale et à vérifier si le gabarit de départ est respecté.

Annexes

Annexe 4 : Données constructeur de la diode varactor utilisée [6]

MA46H120 Series

GaAs Constant Gamma Flip-Chip Varactor Diode

Rev. V3

Features
- Constant Gamma for Linear Tuning
- Low Parasitic Capacitance
- High Q
- Silicon Nitride Passivation
- Polyimide Scratch Protection
- Surface Mount Configuration

Absolute Maximum Ratings [1,2]

Operating Temperature	-40°C to +125°C
Storage Temperature	-65°C to +150°C
Power Dissipation	100 mW
Mounting Temperature	+235°C for 10 seconds

1. Exceeding any one or combination of these limits may cause permanent damage to this device.
2. M/A-COM does not recommend sustained operation near these survivability limits.

Description

M/A-COM Technology Solutions' MA46H120 series is a gallium arsenide flip chip hyperabrupt varactor diode. These devices are fabricated on OMCVD epitaxial wafers using a process designed for high device uniformity and extremely low parasitics. The MA46H120 diodes are fully passivated with silicon nitride and have an additional layer of polyimide for scratch protection. The protective coatings prevent damage to the junction during automated or manual handling. The flip chip configuration is suitable for pick and place insertion.

Chip Layout

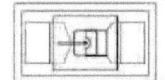

Front View (Circuit Side)

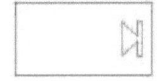

Back View (Operator Side)

Ordering Information

Part Number	Package
MA46H120-W	Whole Wafer
MA46H120	Gel Pack
MAVR-000120-12030W	Waffle Pack

Schematic

FLIPCHIP TUNING VARACTOR EQUIVALENT CIRCUIT

Electrical Specifications @ T_A = +25 °C

Breakdown Voltage @ I_R = 10µA, V_R = 20 V Minimum
Reverse Leakage Current @ V_R = 14V, I_R = 100 nA Maximum

	C_T (pF) f=1MHz, V_R=0V			C_T (pF) f=1MHz, V_R=4V			C_T (pF) f=1MHz, V_R=10V			Q Factor f=50MHz, V_R=4V			Gamma V_R=2-12V		
	Min	Typ	Max	Min	Typ	Max	Min	Typ	Max	Min	Typ	Max	Min	Typ	Max
MA46H120		1.1			0.30	0.40	0.14	0.20			3000			0.9	1.1

[1] Specifications are subject to change without prior notification

ADVANCED: Data Sheets contain information regarding a product M/A-COM Technical Solutions is considering for development. Performance is based on target specifications, simulated results, and/or prototype measurements. Commitment to develop is not guaranteed.
PRELIMINARY: Data Sheets contain information regarding a product M/A-COM Technical Solutions has under development. Performance is based on engineering tests. Specifications are typical. Mechanical outline has been fixed. Engineering samples and/or test data may be available. Commitment to produce in volume is not guaranteed.

- North America Tel: 800.366.2266 / Fax: 978.366.2266
- Europe Tel: 44.1908.574.200 / Fax: 44.1908.574.300
- Asia/Pacific Tel: 81.44.844.8296 / Fax: 81.44.844.8298

Visit www.macom.com for additional data sheets and product information.

M/A-COM Technical Solutions and its affiliates reserve the right to make changes to the product(s) or information contained herein without notice.

Annexes

MA46H120 Series

GaAs Constant Gamma Flip-Chip Varactor Diode

Rev. V3

TYPICAL PERFORMANCE CURVES @ +25 °C

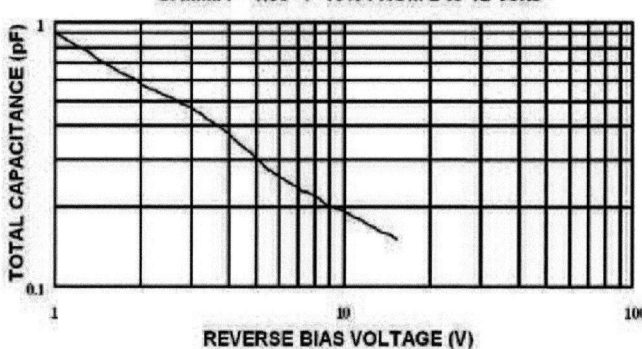

CAPACITANCE VS VOLTAGE
GAMMA = 1.00 +/- 10% FROM 2 to 12 Volts

CHIP OUTLINE DRAWING

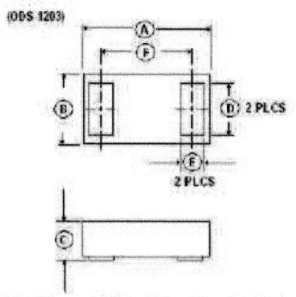

(ODS 1203)

Dimensions	INCHES		MM	
	MIN	MAX	MIN	MAX
A	0.025	0.027	0.635	0.686
B	0.012	0.015	0.305	0.381
C	0.006	0.008	0.152	0.203
D	0.007	0.009	0.178	0.229
E	0.004	0.006	0.102	0.152
F	0.018	0.020	0.457	0.508

* Specifications are subject to change without prior notification

ADVANCED: Data sheets contain information regarding a product MA-COM Technical Solutions is considering for development. Performance is based on target specifications, simulated results, and/or prototype measurements. Commitment to develop is not guaranteed.
PRELIMINARY: Data sheets contain information regarding a product MA-COM Technical Solutions has under development. Performance is based on engineering tests. Specifications are typical. Mechanical outline has been fixed. Engineering samples and/or test data may be available. Commitment to produce in volume is not guaranteed.

- **North America** Tel: 800.366.2266 / Fax: 978.366.2266
- **Europe** Tel: 44.1908.574.200 / Fax: 44.1908.574.300
- **Asia/Pacific** Tel: 81.44.844.8296 / Fax: 81.44.844.8298
- Visit www.macom.com for additional data sheets and product information

MA-COM Technical Solutions and its affiliates reserve the right to make changes to the product(s) or information contained herein without notice.

Annexes

MA46H120 Series

GaAs Constant Gamma Flip-Chip Varactor Diode

Rev. V3

Mounting Techniques

These chips were designed to be inserted onto hard or soft substrates with the junction side down. They can be mounted with conductive epoxy or with a low temperature solder preform. The die can also be assembled with the junction side up, and wire or ribbon bonds made to the pads.

Solder Die Attachment

Solder which does not scavenge gold, such as Indalloy #2, is recommended. Sn-Pb based solders are not recommended due to solder embrittlement. Do not expose die to a temperature greater than 235°C, or greater than 200°C for longer than 10 seconds. No more than three seconds of scrub should be required for attachment.

Epoxy Die Attachment

Assembly can be preheated to 125 - 150°C. Use a minimum amount of epoxy. Cure epoxy per manufacturer's schedule. For extended cure times, temperatures must be kept below 200°C.

Handling Procedures

The following precautions should be observed to avoid damaging GaAs Flip-Chips:

Cleanliness

These chips should be handled in a clean environment. Do not attempt to clean die after installation.

Static Sensitivity

Varactor diodes are ESD sensitive and can be damaged by static electricity. Proper ESD techniques should be followed to when handling these devices.

General Handling

The protective polymer coating on the active areas of these dice provides scratch protection, particularly for the metal airbridge which contacts the anode. Dice can be handled with tweezers or vacuum pickups and are suitable for use with automatic pick-and-place equipment.

¹ Specifications are subject to change without prior notification

ADVANCED: Data sheets contain information regarding a product MA-COM Technical Solutions is considering for development. Performance is based on target specifications, simulated results, and/ or prototype measurements. Commitment to develop is not guaranteed.
PRELIMINARY: Data sheets contain information regarding a product MA-COM Technical Solutions has under development. Performance is based on engineering tests. Specifications are typical. Mechanical outline has been fixed. Engineering samples and/or test data may be available. Commitment to produce in volume is not guaranteed.

- **North America** Tel: 800.366.2266 / Fax: 978.366.2266
- **Europe** Tel: 44.1908.574.200 / Fax: 44.1908.574.300
- **Asia/Pacific** Tel: 81.44.844.8296 / Fax: 81.44.844.8298

Visit www.macom.com for additional data sheets and product information.

MA-COM Technical Solutions and its affiliates reserve the right to make changes to the product(s) or information contained herein without notice.

Bibliographie des annexes

[1] A. C. Carter and J. S. Horwitz, « Pulsed laser deposition of ferroelectric thin films for room temperature active microwave electronics », Integr. Ferroelectr., vol. 17, p. 273-285, 1997

[2] A. Le Febvrier, « Couches minces et multicouches d'oxydes ferroélectrique (KTN) et diélectrique (BZN) pour applications en hyperfréquences ». Thèse de l'université de Rennes 1, 2012

[3] L. Y. Zhang « Dispositifs agiles à base de couches minces ferroélectriques de KTa_1-$xNbxO_3$ pour les applications hyperfréquences multistandards : contribution à la diminution des pertes diélectriques », Thèse de l'université de Bretagne occidentale, 2010

[4] Q.-X. Chu and H. Wang, « A Compact Open-Loop Filter With Mixed Electric and Magnetic Coupling », IEEE Trans. Microw. Theory Tech., vol. 56, n 2, p. 431-439, 2008

[5] Y. Clavet, « Définition de solutions de filtrage planaires et multicouches pour les nouvelles générations de satellites de télécommunications », Thèse de l'université de Bretagne occidentale, 2006

[6] http://www.macomtech.com/datasheets/MA46H120.pdf

Liste des travaux

I- Publication internationale :

Y. Corredores, A. Le Febvrier, X. Castel, R. Sauleau, R. Benzerga, S. Députier, M. Guilloux-Viry, **A. Mekadmini**, N. Martin, G. Tanné, *"Study of ferroelectric/dielectric multilayers for tunable stub resonator applications at microwaves"*, Thin Solid Films, acceptée pour publication, 11 novembre 2013, doi: 10.1016/j.tsf.2013.11.068.

II- Communication internationale :

A. Mekadmini, N. Martin. P. Laurent, G. Tanné, *"Center Frequency and Bandwidth Tunable Compact SIR Bandpass Filter"*, EuMC 2013, Octobere 6-11 2013, Nuremberg, Germany

Y. Corredores, A. Le Febvrier, **A. Mekadmini**, X. Castel, R. Benzerga, S. Députier, N. Martin, G. Tanné, M. Guilloux-Viry, R. Sauleau, *"Study of Ferroelectric/dielectric Multilayers for a Tunable Stub Resonator at Microwaves"*, E-MRS 2013 Spring Meeting, May 27-31, Strasbourg, France

III- Communications nationales :

A. Mekadmini, N. Martin. P. Laurent, G. Tanné, *"Accordabilité en fréquence centrale et en bande passante d'un filtre compact SIR"* $18^{\text{èmes}}$ Journées Nationales Microondes, du 14-05 au 17-05 2013 Paris.

Y. Corredores, A. Le Febvrier, **A. Mekadmini**, X. Castel, R. Benzerga, S. Députier, N. Martin, M. Guilloux-Viry, G. Tanné, R. Sauleau, *"Intégration d'hétérostructures ferroélectrique/diélectrique en couche mince pour résonateurs à stub agiles en fréquence"*, $18^{\text{èmes}}$ Journées Nationales Microondes, du 14-05 au 17-05 2013 Paris.

N. Martin, **A. Mekadmini**, A. Le febvrier, P. Laurent, S. Deputier, V. Bouquet, M. Guilloux-Viry, G. Tanné, *"Performances comparées de dispositifs à base de ferroélectriques KTN et BST déposés en couches minces"*, $12^{\text{èmes}}$ Journées de Caractérisation Microondes et Matériaux, du 28-03 au 30-03 2012 Chambéry.

Ce travail est accessible en ligne sur ces sites:

1. www.theses.fr/2013BRES0032/abes
2. hal.archives-ouvertes.fr

Optimisation de dispositifs hyperfréquences reconfigurables : utilisation de couches minces ferroélectriques KTN et de diodes varactor

Résumé :

La croissance rapide du marché des télécommunications a conduit à une augmentation significative du nombre de bandes de fréquences allouées et à un besoin toujours plus grand en terminaux offrant un accès à un maximum de standards tout en proposant un maximum de services. La miniaturisation de ces appareils, combinée à la mise en place de fonctions supplémentaires, devient un vrai challenge pour les industriels. Une solution consiste à utiliser des fonctions hyperfréquences accordables (filtres, commutateurs, amplificateurs,…). A ce jour, trois technologies d'accord sont principalement utilisées : capacités variables, matériaux agiles ou encore MEMS RF.

Dans le cadre de cette thèse, nous avons travaillé sur l'optimisation de dispositifs hyperfréquences reconfigurables en utilisant des couches minces ferroélectriques KTN et des diodes varactor. Nos premiers travaux étaient relatifs à l'optimisation des dispositifs hyperfréquences accordables à base de couche minces KTN. Dans ce sens, nous avons tout d'abord caractérisé le matériau KTN en basse et haute fréquence afin de déterminer ses caractéristiques diélectriques et ses caractéristiques en température. Nous avons ensuite réalisé des dispositifs hyperfréquence élémentaires tels des capacités interdigitées et des déphaseurs à base de KTN. Leurs performances ont alors été comparées aux mêmes dispositifs réalisés cette fois à base de la solution la plus utilisée BST. Bien qu'un léger avantage soit acquis à la solution BST, il n'en reste pas moins vrai que les résultats avec le matériau KTN sont très proches indiquant que cette voie peut également, après optimisation, apporter une alternative au BST.

La seconde partie de nos travaux concerne la réalisation de filtres planaires accordables en fréquence à base de matériaux KTN et de diodes varactor. Nous avons ainsi réalisé deux filtres passe-bande accordables. Un premier filtre passe-bande de type « open loop » possédant deux pôles agiles en fréquence centrale et un second filtre passe-bande de type SIR rendant possible l'accord de sa fréquence centrale ainsi que de sa bande passante à partir de diodes varactor.

Lors de la conclusion sur nos travaux, nous évoquons les suites à donner à ce travail et les perspectives.

Mots clés :
Dispositif accordable, Filtre Hyperfréquence, Capacité variable, Diode varactor, Couche mince ferroélectrique, KTN, BST

Optimization of tunable microwave devices: using KTN ferroelectric thin films and varactor diodes

Abstract:

The rapid growth of the telecommunications industry has led to a significant increase in the number of allocated frequency bands and a growing need for terminals providing access to an increasing number of standards while offering maximum services. The miniaturization of these devices combined with the implementation of additional functions has become a real challenge for the industry. The use of tunable microwave functions (filters, switches, amplifiers ...) appears as a solution to this issue. In this way, three main technologies are mainly used: variable capacitors, tunable materials and RF MEMS.

Within the scope of this thesis work, our investigations focused on tunable microwave devices optimization through the use of KTN ferroelectric thin films and varactor diodes. The first part of our study deals with the optimization of tunable microwave devices based on KTN ferroelectric thin films. In this way, we initially characterized KTN material in low and high frequency to determine its dielectric properties and characteristics according to the temperature. Then, we designed basic microwave devices such as interdigitated capacitors and phase shifters based on KTN thin films. Their performances were then compared with BST solution. Despite results highlighting a slight advantage to BST solution, KTN material, after optimization process, could be a BST alternative solution.

In a second part, our work focused on the realization of tunable planar filters based on KTN materials and varactor diodes. We made two tunable bandpass filters. The first one is a center frequency tunable bandpass two-pole open loop filter and the second one is a center frequency and bandwidth tunable SIR bandpass filter using varactor diodes.

Finally, we discussed follow-up to give to this work and outlooks.

Keywords:
Tunable devices, Microwaves filters, Tunable capacitors, Varactor diode, Ferroelectric thin films, KTN, BST

Oui, je veux morebooks!

i want morebooks!

Buy your books fast and straightforward online - at one of the world's fastest growing online book stores! Environmentally sound due to Print-on-Demand technologies.

Buy your books online at
www.get-morebooks.com

Achetez vos livres en ligne, vite et bien, sur l'une des librairies en ligne les plus performantes au monde!
En protégeant nos ressources et notre environnement grâce à l'impression à la demande.

La librairie en ligne pour acheter plus vite
www.morebooks.fr

OmniScriptum Marketing DEU GmbH
Heinrich-Böcking-Str. 6-8
D - 66121 Saarbrücken
Telefax: +49 681 93 81 567-9

info@omniscriptum.de
www.omniscriptum.de

Printed by Books on Demand GmbH, Norderstedt / Germany